Primi santuari, Gerusalemme e Buchi Neri

Indice

BIBLIOGRAFIA

E.Cassirer - Simbolo, Mito e Cultura – Laterza- Roma 1985 .

C.Skalicky-Alle Prese Con il Sacro-Herder- Roma 1982.

F.Barbiero - Alla Ricerca dell'Arca dell' Alleanza - SugarCo. Milano 1985.

D.G.Bressan-Samuele-Marietti-Torino 1960.

A.Mistrogiro- L'Arte Sacra- Messaggero.Padova 1983.

G.Damasceno-Difesa Delle Immagini Sacre-Città Nuo-va-Roma 1985.

A.Lancellotti et al.- La Distruzione Di Gerusalemme - Del 70;cfr.Collectio Assisensis,8,Studio Teologico "Por ziuncola".Assisi 1971.

M.Grant- L'Antica Civiltà D'Israele-Bompiani.Milano - 1984.

F.Brown et al.-Hebrew And English Lexicon Of The   - Old Testament-Oxford University Press. Londra 1962.

C.M.Martini cardinale-Chiesa-Vescovo- Martirio-Paoli ne. Roma 1983.

A.Issar-Fossil Waters Under Sinai Peninsula; cfr.Sci - entific American-July 1985,p.82.

Encyclop.Amer. ,21, American Corporation. New York 1977.

J.Perrot-Siria –Palestina,1,Nagel.Ginevra 1977.

E.Picutti- Storia Del Triangolo Numerico;cfr.Le Scienze Gennaio.Milano 1984.

E.Fiandra-Cultura e Scambi Commerciali Nella Civiltà Minoica;cfr.-Le Scienze,Aprile.Milano 1983.
J.Oates-Babilonia-Newton Compton.Roma 1984.
A.Parrot-Archeologia Della Bibbia-Newton Compton. Roma 1978.
A.Kempinski – Siria - Palestina,2, Nagel-Ginevra 1977.
P.Maffei-La Cometa Di Halley-EST Mondadori-Milano 1984.
A.Cotterel- Enciclopedia Delle Civiltà Antiche- Editori Riuniti.Roma 1981.
E.R.Galbiati et al. -Atlante Storico Della Bibbia e Del - l'Antico Oriente-Jaca Book.Roma 1983.
R.Harker- il Mondo Della Bibbia - Newton Compton. Roma 1983.
N.Borrelli-Tradizioni Aurunche-Centro Studi Mintur - nae.Perugia 1984.
B.Hutchinson – Orologi Antichi – Mondadori . Milano 1982 .
A.Paul- Photo-Guide De l'Ancien Testament-Fleurus. Paulton 1976.
K.Crime et al.-The Interpreter's Dictionary Of The Bi- ble, Supplementary Vol., Abingdon Press. Nashville - 1976.
The Interpreter's Dic. Of The Bible.New York 1962.
G.W.Anderson et al.-Supplements To Vetus Testamen tum, J.Brill- Leiden 1960.

J.B.Meetzlershe-Real Encyclop. 1927.

M.Haran-Tempels And Temple Service In Ancient - Israel-Clarendon Press.Oxford 1978.

J.Mauchline, 1 And 2 Samuel-Oliphants.Londra 1971.

R.W.Klein- 1 Samuel - World Book Publisher. Waco (Texas)1983.

J.A.Emerton- Studies In The Historical Books Of The Old Testament -J.Brill.Leiden 1979.

R.E.Brown- Comentario Biblico San Geronimo,1, Edic. Chistiandad - Madrid 1971.

R.K.Harrison- Introd. To The Old Testament -Tyndall Press 1970.

H.M.Barstad-The Religions' Polemics Of Amos- J.Brill . Leiden 1984.

G.Von Rad-Teologia Dell'Antico Testamento- Paideia. Brescia 1972.

E.Pace- Dizionario Di Sociologia E Antropologia Culturale-Cittadella Ed.-Assisi 1984.

J.Perrot-Siria-Palestina,1,Nagel.Ginevra 1977.

V.Malka-Israele-Edizioni Futuro.Verona 1982.

E.Beaucamp- La Bible Et Le Sens Religieux De l'Uni vers-Du Cerf.Parigi 1959.

R.De Vaux-Ancient Israel-Darton Logman & Todd. Lon dra 1962.

P.Reymond- L'Eaux , Sa Vie Et Sa Signification Dans L'Ancien Testament-J.Brill.Leiden 1951.

J.Uris et al.- Gerusalem- La Cantique Des Cantiques-Doubleday.New York 1981.

T.Ballarini-Salmi-Dehoniane-Napoli 1978.

A.Dupont- The Essen Writings From Qumran – The -World Publishing Comp.-Cleveland 1962.

A.Gelin- Les Idées Maitresses De L'Ancien Testament. Du Cerf.Parigi 1959.

J.Dheilly-Dictionnaire Biblique-Desclée.-Tournai 1964.

M.Gell'Mann et al.-La Natura Dell'Universo Fisico-Boringhieri.Torino 1981.

M.Gardner-L'Universo Ambidestro-Zanichelli-Bologna 1984.

<il Nuovo Commercio> : Suppl. a "Spendibene" Anno xv,n.16 Del 31 Marzo 1990.

B.Cester- Quando il Sole Fa Da Orologio; In Scienza E Vita,5 Maggio 1990.

A.Caprioglio et al.-La Natura,L'Uomo,La Scienza,Vol.3, Editore Morano- Napoli 1980.

A.Laepple- il Messaggio Biblico Per il Nostro Tempo-Paoline.Roma 1984.

D.Rops- La Vita Quotidiana In Palestina Al Tempo Di -Gesù-Mondadori . Milano 1986.

G.Herm - I Bizantini-Ed.Garzanti.1985.

G.Romano-Introduzione All'Astronomia-Franco Muzio Editore. Padova 1985.

G.Hegel-Le Orbite Dei Pianeti-Laterza.Roma 1984.

Eusebio- La Préparation Evangélique – Du Cerf.Parigi 1975.

F.Pierini-Le Religioni Dell'Antichità: cfr. Guida alle Religioni-Paoline. Roma 1985.

T.Reinach-Antiquités Judaiques-Leroux.Parigi 1912.

J.Gutman- The Temple Of Solomon- Scolar Press. Missoula 1976.

D.Gottlieb-il Giudaismo: cfr. Guida Alle Religioni-Paoline.Roma 1985.

A.Cotterel- Civiltà Antiche-Editori Riuniti.Roma 1961.

A.Parrot- Le Temple De Jerusalem- Nestlé Delacaux. Neuchatel 1956.

P.Vanderberg- La Maledizione Dei Faraoni-SugarCo. Milano 1985.

A.David- L'Egitto Dei Faraoni- Newton Compton 1975.

F.Nera- Guida Alla Civiltà Dell'Antico Egitto -Mondadori –Milano 1985.

The Zondervan NIV Bible Commentary-Volume 1:Old Testament, Consulting Editors,KennethL.Barker and John Kohlenberger ||| -Zondervan Publishing House 5300 Patterson SE-Grand Rapids,MI 49530 .

 F.Spadafora-Dizionario Biblico-Terza edizione-Editrice Studium-Roma 1963.

Introduzione

Questo lavoro è nella prima parte uno studio del tem
pio di Gerusalemme,delle sue proporzioni,nonché di
alcuni santuari più antichi che esistevano nella terra–
promessa.In primo luogo viene affrontato il problema
dell'insediamento israelitico nella terra di Canaan; poi
quello delle strutture stabili a Silo ed altrove.   -

   Vagliare i dati numerici riguardanti il sacro luogo è
necessario perché non c'è stata sempre una loro valu
tazione critica. D'altra parte un disegno è carico di un
significato che mai (p.58;p.96) può essere totalmente
circoscritto.   -

   Un rilevamento può servire inoltre in paragoni che
abbiano lo scopo di esaminare le tecniche in uso in va
rie epoche. Attraverso i vari raccordi di un complesso
si segue lo sviluppo di un cammino. E' il cammino del
popolo. Dopo un rapido accenno ai santuari pagani si
passa a Silo,prima sede stabile dell'arca.   -

   La manipolazione delle espressioni numeriche è in
genere sobria,in quanto non si vuole avere una visio -
ne d'insieme con troppi particolari.Un architetto non
trascura l'armonia derivante da un progressivo ampli
amento nello spazio potendo essa dare l'idea di una
disposizione ordinata.Così ci si conforma a quella pa -
ce che deve ispirare un luogo di adorazione.   -
Nel capitolo dei santuari non israelitici,alcuni gruppi -

di colonne segnano una traccia di una sorgente di lu -
ce.Ciò è evidente a Biblos(p.39) e ad Hazor (Kempiski-
Siria Palestina,2,Nagel-Ginevra-1977). Le piramidi In E
gitto d'altra parte servivano allo stesso scopo (p.116).

Nella seconda parte,dopo un esame del tempo pa
triarcale in cui sorgevano i primi altari,si vede il pro -
gressivo espandersi del culto di Jahvé in aree pagane
e già sacre per altri popoli. Con particolare attenzione
si studia la teologia del tempio attraverso i concetti di
alleanza,elezione e sacerdozio,senza trascurare i pun
ti di vista ecclesiologico e degli escata.Viene ampliato
infine il discorso sui cherubini alla luce di quanto è no
to dalla teologia trinitaria sin dai tempi di s.Basilio (4°
secolo).Novità rilevanti sono le seguenti: -
1)Una verifica che la tenda di Mosè si può associare,
tra l'altro,alla ricorrenza del solstizio d'estate .   -
[p.56 (basta vedere l'angolo di 47°=2(23°.5)].   -
2)Aialon e Gabaon si trovano sullo stesso parallelo; -
ciò consente di dimostrare che il "Fermati sole, e luna
luna,nella valle di Aialon" (Gs 10.12) indica con esat -
tezza il mezzogiorno; quindi è una locuzione corretta
dal punto di vista descrittivo dell'apparente muoversi
del sole.- Infatti al **termine** della salita al mezzogiorno
il sole si dirige in basso verso il tramonto.   -
3)Si ricostruisce il calendario di Dionigi il Piccolo mos
trandone l'utilità attuale. Cadono le incomprensioni –

riguardanti l'inizio delle sue date alla cifra 753(cfr.il -
quotidiano<il Mattino> del 30 dicembre 2000).   -
4)La distruzione del tempio fa passare il prestigio alla
città[conta l'oracolo sul monte(p.58).   -
5)A pag.120 viene decifrata per la prima volta una ta -
voletta egiziana mostrandone il contenuto astronomi
co.   -
6) Con le pagine 121 e 122 si dimostra che il capito-
lo 20 del profeta Ezechiele ha come supporto un -
messaggio cifrato che riguarda il calendario.Sarà pos -
sibile estendere ai Vangeli ricerche analoghe sulle da
te (p.19) .   -
7)Si fa uso di un sistema di equazioni la cui soluzione
permette di ricavare la distanza di alcune galassie da
un punto singolare ed anche quella di stelle da centri
attrattivi(p.124;p.115).   -
  Un vivo ringraziamento si rivolge sia al Prof. Pasqua
le Colella della pontificia Università del Laterano (Ro
ma)per l'invito a studiare i primi santuari israelitici,sia
al Prof. Gaetano Sàvoca della pontificia Università" s.
Luigi"[Posillipo(Napoli)] per chiarimenti sull'analisi biblica strutturalista.   -

Vittorio I. Morrone

Castel di Sasso-81040(Cisterna)(CE), gennaio 2012.

10

Linguaggio dell'arte.

Così Cassirer si esprime a proposito del mutamento delle convinzioni circa l'estetica:il mondo del linguag-aggio dev'essere studiato" come uno strumento del pensiero umano che ci assiste nella costruzione di un mondo oggettivo (1)".Tale esperienza viene riguarda ta come fenomeno in cui colui che osserva l'opera - d'arte non resta passivamente a registrare immagini del mondo circostante,ma prende parte al moto im - posto dalle linee,dai ritmi e dalle forme che nella loro unità costituiscono la bellezza secondo la concezione classica. Affrontando un tema relativo ai santuari si - vedrà in atto il tentativo di rappresentazione del sa - cro. Carattere specifico del lavoro artistico è quello di suggerire subito, senza la mediazione di lunghi ragio namenti, il contenuto di emozioni e di stati di coscien za vissuti. Attingendo all'opera di Eliade sulla morfolo gia di una spazio sacro, si può dire che esso è anche - simbolo, nel senso che rivela una realtà sacra; perciò implica il ricordo di una ierofania. Tutto ciò che si tro va in esso permette allora un discorso che dal finito - procede verso la dimensione incommensurabile dello spirito religioso.Se nel mito si riscontrano i valori insi-
1-E.Cassirer-Simbolo,Mito E Cultura-Laterza -Roma 1985,p.151 .

ti(2)nelle vicende umane sempre mutevoli,una statu-
a ormai in disuso darà informazioni sugli antichi e sulla natura umana.Volendo porre allora una netta sepa
razione tra quanto è mitico ed il reale sacro,si dovrà -
sempre tenere presente la cosmogonia ,perché ad es
sa si può ricondurre qualunque mitologia .   -
Analizziamo quindi le idee diffuse sul suolo cananaico
e nei paesi vicini per il periodo che va dall'ottobre del
1234 a.C al 1183 a.C.; la prima data corrisponde alla
sicura presenza degli israeliti sulla terra di Canaan, -
mentre con la seconda,riguardante l'ascesa in Egitto
di Ramses Terzo,è già stato varcato il Giordano e ter -
mina il nomadismo(3).   -
Introdurre Silo non significherà semplicemente descri
vere il territorio: i libri di Samuele infatti narrano an -
che gli episodi salienti dell'istituzione della monarchia
in cui Davide rappresenta l'elemento più importante.
Le sue doti di mansuetudine e di generosità, lo splen
dore del suo regno ed il saper perdonare ne faranno
quasi una prefigurazione del Messia (4). In tal modo
si ha un riferimento al trascendente,un primo accen
2-C.Skalincky-Alle Prese Col Sacro p.210 .   -
3-F.Barbiero-Alla Ricerca Dell'Arca Dell'Alleanza-   -
SugarCo Milano 1985,p.169 .   -
4-D.G.Bressan-Samuele-Marietti –Torino 1960,p.44 . -

no alla Chiesa, "l'umanità assunta al piano sopranna
turale"(5). Come simbolo del disegno di salvezza si ha
il tempio.I santi Padri hanno a lungo parlato dell'effi -
cacia e del ruolo dell'arte sacra.s.Dionigi l'Areopagita
(6)fa riferimento alle rappresentazioni simboliche che
"derivano dai caratteri divini e sono copie e chiare im
magini delle arcane visioni soprannaturali". Al tempio
c'è copia dei divini consigli e bisogna precisare che o
gni immagine del sacro è a sua volta copia di immagi -
ne,perché la volontà divina,concretamente manifesta
ta nei comandamenti, permette solo di avere nella vita terrena un'ombra dei beni futuri.Questo concetto -
è ampiamente sviluppato da S.Giovanni Damasceno -
(7). In realtà col tempio si ha di più,perché in esso c'è
la presenza di Jahvé.   -
   Secondo la tradizione rabbinica(8) sul tabernacolo si
posò la shenchinà, il Signore ascolta le invocazioni ed
interviene nella storia.Tale parola coniata alla distruzi
5- Paolo VI -All'Unione Romana Ingegneri E Architetti-
26 febbraio 1966:A.Mistrogiro-L'Arte Sacra-Messagge
ro –Padova 1983.   -
6-G.Damasceno-Difesa Delle Immagini Sacre- Città Nu
ova –Roma 1983,p.63 .   -
7-Damasceno-Difesa,p. 44ss.   -
8-Collectio,8,p.37 .   -

one dell'edificio deriva da sakan (= abitare) e può indi
care che Dio assiste il suo popolo. E' nello stesso tem
po Dio degli eserciti,Dio dei popoli e Dio delle virtù.E'
il Dio onnipotente che dà pace. Col santuario si ricor -
dano eventi storici; il senso di grandezza che proma -
na dalla sua visione sensibile non è solo segno antici
patore del dono elargito ai credenti; serve a suscitare
emulazione attraverso il ricordo delle opere dovute al
la volontà salvifica del Creatore (9). Non sorprenderà
perciò che nel capodanno ebraico,dopo pranzo, ven -
ga distribuita dal capofamiglia una melograna a cias -
cuno dei presenti :c'è la preghiera che durante l'anno
si facciano tante buone azioni quante possono essere
suggerite dalla struttura interna   del frutto. Esso orna
i capitelli dinanzi al tempio ed è parte del cosmo in -
cui si è rivelata la bontà del Signore.   -

Nel paese di Canaan si venera El Elyon, il supremo
e gli si attribuiscono vari titoli, come El Olam (= l'eter -
no) (10)ed El Betel;ciò nonostante sussiste un politeis
mo in cui l'etica dei codici non rispecchia una genuina
pietà.Non c'è quindi origine delle norme o loro fonda
mento in un culto spirituale che consiste nel rinnova -
mento del cuore.   -
9-Nei miti è assente il concetto di creazione.   -
10-M.Grant-L'Antica Civiltà Di Israele- Bompiani(MI) -

MATRICE DEL DISCORSO CIRCA LA SALVEZZA.

Da Ezechiele si ricava il seguente prospetto circa il -
passaggio da una promessa al suo compimento.

PROMESSA(Ez.20.6).

Settore esistenziale: (Ez.20.11) LEGGE di Mosé che si
rivolge(1)alla collettività universale, (Ez.20.19) cammi
nate nei miei statuti e osservate le mie leggi e mette -
tele ad effetto.A partire da questo intervento puntua
le,si continua con insegnamento (=parenesi) .

(2)Perché l'individuo viva in essa con: a)(20.39)rimozi
one di colpa(redenzione), b)dono dello spirito santo:
non profanerete il santo Nome(=salvezza).

Settore cosmico: (Ez.20.12) il SABATO [168 =7x24] e
ciò si manifesta(Ez.20.40)al monte(SEGNO);(Ez.20.41)
raduno(PRODIGIO).

COMPIMENTO COME OPERA DI DIO:

w_1) TEMPORALE [(=ministero del prete) (Ez.20.7) Get
tate gli idoli]. MODO (prodigi): Li feci uscire da Egitto.
RISULTATO:Accreditato;così saprete.

UMILIAZIONE(Ez.20.22):

Figli si ribellarono contro di me,ma trattenni la mano.

w_2)DEFINITIVO(=escatologico)

A)Trionfo(Ez.20.35)-(Ez.20.42):Giudicai di intervenire.

B)Signoria

MODO(Ez.20.37)-Giogo(=guida);RISULTATO(Ez.20.41)
-Santo agli occhi delle genti.

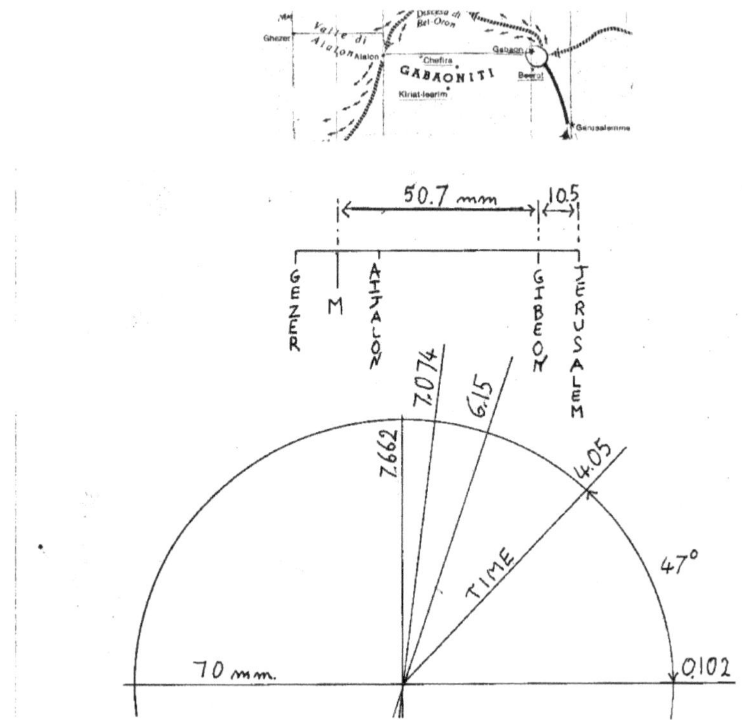

Fig.1-In alto: longitudine* relativa riguardante Gezer, Gabaon e Gerusalemme.In Ez.20 ,si osservano due - campi lessicali(TEMPO,LUOGO)e quattro ruoli: Nome, culto,vita, appello .Scala:ruotando,ogni 360° si aggiu<u>n</u> ge la cifra 30.24 lungo il cerchio. TIME=TEMPO .

$$(7.662\text{-}4.05)=3.612 \Rightarrow \frac{30.24}{3.612}=\frac{360°}{43°},$$

$$19.002\text{-}4.05=14.952 \ , \quad \frac{30.24}{14.952}=\frac{360°}{178°} \ .$$

*Aharoni-Avi Yonah Atlante della Bibbia-Ed.Piemme.

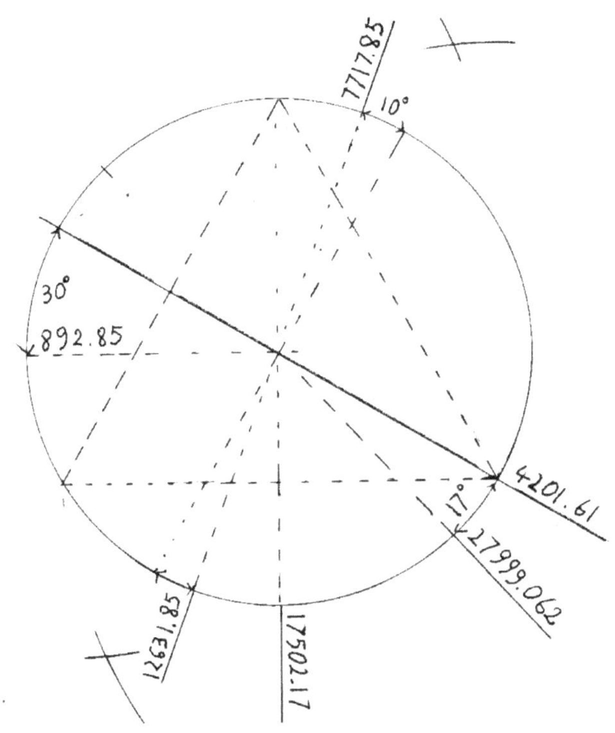

Scala   360°≡ 30.24 .

Fig.2a-Dati periodici sul monte Sion (p.121).

Qui ogni cifra è valutata come distanza da 4201.61 (p.121) .

$$(23101.4-7717.85)=\mathbf{2.73}(35)(161);$$

$$\frac{2.73}{2.73(35)161}=\frac{32°.5}{183137°.5}$$

17

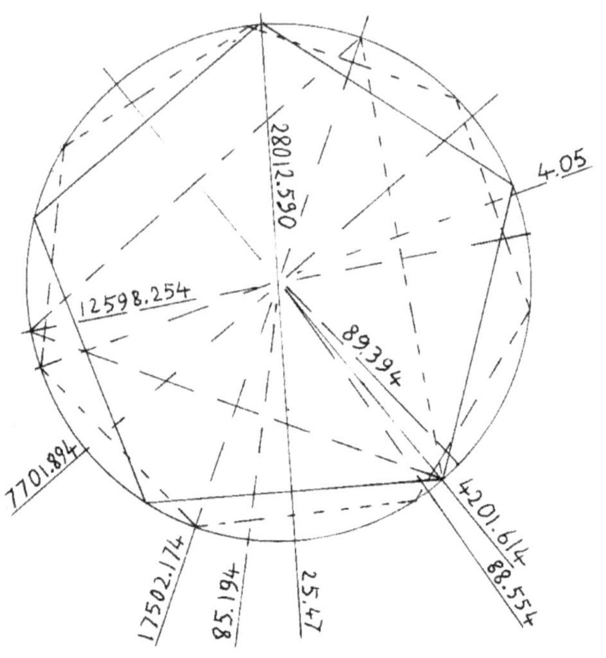

Scala: $360° \equiv 30.24 \Rightarrow \dfrac{30.24}{0.504} = \dfrac{360°}{6°}$

Fig.2b- Le cifre sono calcolate a partire da **4201.614** (p.122;p.58) .

92.01-88.554=3.456 =3.024+0.432 , $\dfrac{30.24}{7(0.432)} = \dfrac{\mathbf{360°}}{36°}$,

70(**365.2422**+92.01)=32007.654, $\dfrac{30.24}{32007.654} = \dfrac{360°}{381043°.5}$

[(**85.194**-0.504=84.69(p.127);

28012.59-84.69=**27.3**(1023)].

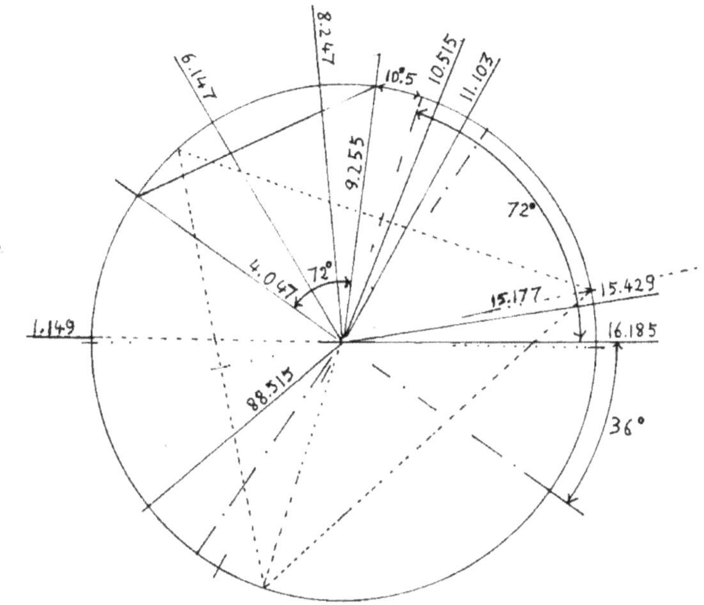

Scala   360°≡30.24

Fig.3a-Punti di riferimento nel Vangelo di Marco*.

*Benoît Standaert - il Vangelo Secondo Marco-Edizio
ni Borla- Roma 1983-p.22 .

In Mc. 1.14 <Dopo che Giovanni fu arrestato Gesù si
recò in Galilea predicando il Vangelo di Dio>.

Con Mc.16.18 < I discepoli potranno prendere serpen
ti con le mani,e se berranno un veleno non riceveran-
no alcun male; imporranno le mani ai malati e questi
guariranno>.   [4.047-9.255 rapporto Ez.-Mt.]

$$(15.177\text{-}4.047)=11.13 \quad \Rightarrow \quad \frac{30.24}{11.13} = \frac{360°}{132°.5} \; .$$

19

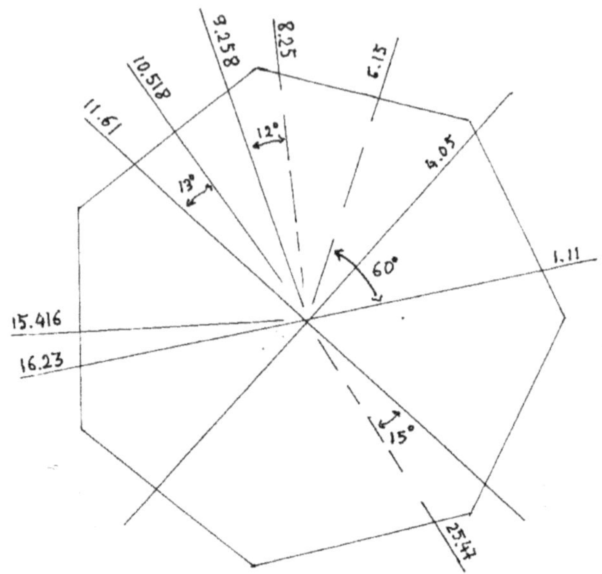

Scala   360°≡ 30.24   .

Fig-3b-Dal Vangelo* di s.Marco .Alla festa del settimo anno 7(364)=**2548** (p.**58**);[364=7(52)] .

*Benoît Standaert- il Vangelo Secondo Marco - Ed.Borla – Roma - 1983, p.22.

(**89.394**-25.47)=63.924; $\dfrac{30.24}{63.924}=\dfrac{360°}{761°}$ (p.120)

Mc 1.11-Voce dal cielo al battesimo di Gesù.

In Marco:

(**11.1-9.13**)=1.97⇔ 23°. 45238095

"Sole, fermati in Gabaon,e luna,nella valle di Aialon".

Dato che Gabaon e Aialon si trovano sullo stesso parallelo è facile immaginare una misura di longitudine, cioè la distanza angolare tra i due luoghi.In base a quanto stabilito dal fisico Hoyle tracciamo lungo una circonferenza 56 fori,luna e sole simuovono (11)nella - stessa direzione .Lo spostamento di due fori al giorno del moto lunare fornisce   -

$$\frac{2}{56}(360) \text{ cioè } \frac{360°}{28 giorni}=\frac{12°.85714286}{1 giorno} \; .$$

Per il sole, $\frac{360°}{364 giorni} = \frac{0°.989010989}{1 giorno}$= arco descritto nella Bibbia come"spazio(angolare) di un intero giorno". Assumiamo (p.16)sul parallelo passante per Gabaon, come punto scelto nella Valle di Aialon,il punto medio - M della distanza tra i meridiani passanti per Gezer e Aialon.Con la formula   -

$\alpha=\frac{l}{r} \cong \frac{GM}{r}$,in cui r=56(21.84)=1223.04Km e α in radianti ,che si trova con $\frac{360°}{0°.989}=\frac{2\pi}{0.017261306}$, otteniamo -

GM=(0.01726)1223.04$\cong$ 21.10Km .   -

[π=3.1415927 *(12) ;**2184**=6(**364**)=42(52)=8(**273**)] -

11-R.H.Mills-Practical Astronomy-Albion Publishing . -
12-S.De Meis J.Meus- Almanacco Astronomico 1995 - Hoepli-Milano.

La scala dell'atlante biblico(13) suggerisce che 12mm equivangono a 5 Km ,e quindi

$$\frac{5Km}{21.1Km}=\frac{12mm}{50.64mm}.$$

La distanza di M da Gabaon è appunto 50.7 mm.

Metodo alternativo: $[\pi = 3.1415927]$

$$\frac{360°}{365.2422 giorni}=\frac{0°.985647332}{1 giorno}$$ e ,in radianti

$$\frac{360}{0.985647332}=\frac{2\pi}{0.017202791 radianti}$$;quindi con α$\cong \dfrac{GM}{r}$

ed r=1224.596 Km= (**6367.8992**/5.2)Km $\Rightarrow$
GM=0.017202791(1224.596)Km.=21.06646905Km

$$\frac{5Km}{21.06646905Km} \cong \frac{12mm.}{50.5595mm}.$$

(50.7-50.5595)=0.1405 ; $\dfrac{12mm}{0.1405mm} \cong \dfrac{5Km}{0.0585Km}$

Dato il diametro del nostro pianeta misurato all'equa̲tore e l'altro che collega un polo all'altro,

$$\frac{12757+12714}{4}=\textbf{6367.9Km=raggio medio della Terra}$$

(W.Schroeder-Astronomia Pratica-Longanesi Ed.Mila̲no 1982,p.14).

13-Y.Aharoni M.Avi-Yonah-Atlante Della Bibbia- Piem̲me   Ed.–Casal Monferrato 1987,p.48 .

Sarà bene ricordare i punti salienti di Gs.10.12: "Sole fermati in Gabaon(14), e tu luna (rimanga fissa come punto di riferimento) nella valle di Aialon.   -

 Adunque il sole si arrestò in mezzo al cielo(a Gabaon) e non si affrettò a tramontare per lo spazio di un inte-ro giorno.   -

 Si specifica così che ,dopo il moto del sole di 0°.989 (intero giorno), sia la luna che il sole sono allineati sulla Valle di Aialon(al punto M).Ne segue che il tra - montare del sole dallo zenith a Gabaon verso ovest di 0°.989 porta il sole da Gabaon alla valle (punto M). - Poi il tramonto effettivo dalla valle dovrà avvenire in sei ore.   -

14-Le Sacre Scritture(Ebraico-Italiano)-Editori -
A.Reichard E Comp., Trieste 1875.

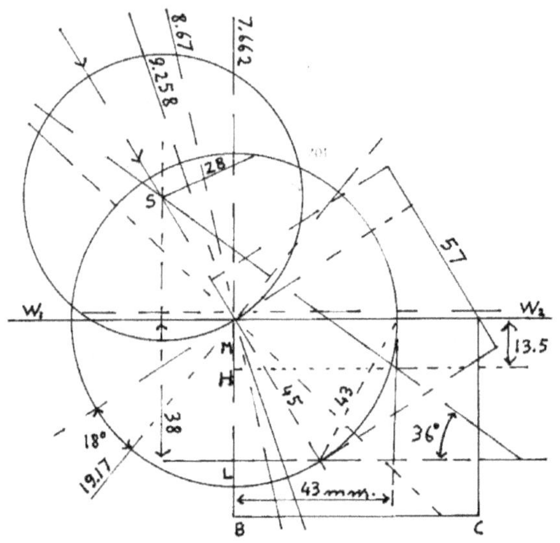

45mm.≡**146**.25=a

43mm.≡**134**.75=b

Fig.4-Misure alla piscina* di Gabaon.ML=parete della piscina. $\dfrac{30.24}{134.75-89.39}=\dfrac{360°}{540°}$, $\dfrac{30.24}{7(146.25-7.662)}=\dfrac{360°}{11549°}$.

BC=livello del sottosuolo.

W_1W_2=piano della superficie terrestre.

$$(\mathbf{16.44}\text{-}8.67)=7.77 \Rightarrow \dfrac{30.24}{7.77}=\dfrac{360°}{92°.5}$$

*Supplements to Vetus Testamentum,VII,p.8-J.Brill-Leiden.

(B.W.Anderson- Understanding The Old Testament-Prentice Hall, Inc. - Englewood Cliffs - New Jersey - 07632,1986,p.224)

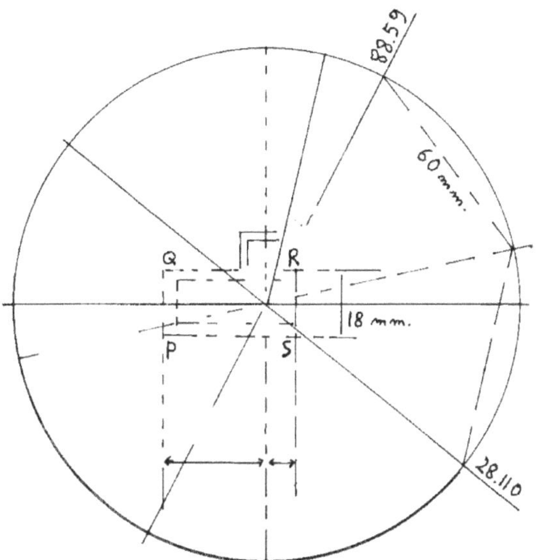

Scala: **211.68** ogni 360° .

Fig.5- PQRS ampliamento proporzionale del rettango
lo più interno è il santuario (**teorico**) di Ezechiele. Qui
si confronta con la piantina*di s.Giovanni in Laterano
(Roma). 88.59= 3(29.53)mostra la cifra 29.53 giorni. -
Con multipli di questo periodo sole e luna si trova -
no sempre allineati tra loro; il raggio del cerchio è 70
mm.Per il lato dell'eptagono regolare inscritto si
hanno 60mm.

$$\left(\frac{211.68}{88.59-28.11}\right) = \frac{360°}{2\left(\frac{360°}{7}\right)};$$

*Mons.G.Battista Proja -il Battistero Lateranense-Tip.
Poliglotta Vaticana 1990.

Cenni sul tempio.

Nell'area montagnosa di Silo,a 680m.,non si riscontra nel tempo presente che un senso di aspra desolazio - ne a volte spezzata dall'incanto della flora splendi da di località non lontane.Si è sulla terra promessa do ve scorre latte e miele, in una zona ancora ricca di vi - gneti,ad una quota di 209 m.di altitudine ideale per le meditazioni (15). Ivi il sacerdozio si esprime con una delle sue componenti fondamentali in cui il profeta vi ene visto come l'uomo da consultare per l'oracolo. E' in voga la pratica di gettare le sorti conosciuta col no me di urim e tummim. Non rivela altro che la ben sta bilita funzione mediatrice.Suf,distretto di Elkana,signi fica (16) proprio favo di miele,e si arguisce che lo scac co subito con la cattura dell'arca è sintomo di una de cadenza spirituale in cui non si ha conformità con qu anto stabilito per arcano disegno soprannaturale. Lo scontro con le forze dei popoli del mare non fa che mettere in luce la necessità di ristabilire quel senso di civitas che comporta un mutuo rispetto. Bet Semes sa rà posta come confine tra due ceppi antagonisti; bal-

15-Bressan-Samuele,p.110.   -
16-F.Brown-Hebrew And English Lexicon Of The Old Testamento - Oxford University Press - Londra 1962,- p.847.

za agli occhi Silo con sacrifici pacifici aperti a banchet
ti fraterni.In seguito il tempio di Gerusalemme fa res-
pirare la memoria di Abramo di cui si ammira la devo
zione ;così la città è quella che ricorda l'offerta (17).
L'ambiente tramanda un patrimonio di conquiste per
le quali le cose intellegibili vengono rivestite median
te elementi visibili circoscrivendo l'incorporeo con li -
nee definite.L'opera si completerà nella pasqua in cui
s.Paolo potrà parlare delle nuove pietre da lui poste,
del sangue versato in libagione sul sacrificio e sull'of -
ferta della fede di coloro che crederanno,essendo pie
tra angolare il Signore risorto.Suf evoca ancora il ricor
do di Mosè, la sua vita,le acque amare (ricche di solfa
ti)delle sorgenti che trassero da lui il nome (18)e i tufi
dei luoghi vicini.   -
   Solo da poco le trivelle hanno fatto scoprire le falde
di liquido fossile che giacevano nel sottosuolo del Si
nai con un drenaggio silenzioso fino alle rive del Mar -
Morto,non lontano dal trentaduesimo parallelo,dove
ci fu Samuele(19) ed un uomo chiamato Elkana ,vera-
mente acquistato da Dio.   -

17-C.Martini(Cardinale)-Chiesa-Vescovo-Martirio-Pao
line-Roma 1983,p.23 .   -
18-Scientific American-July 1985,p.82.   -
19-Bressan-Samuele,p.57.   -

L'ambiente.

In censimento del 1983 la popolazione dello stato Isra
eliano si aggirava intorno a 4.000.000 di abitanti . La -
stima del territorio fornisce un'estensione di 21.000
Km^2. Trovandosi in un lembo di transizione tra clima
di tipo mediterraneo e uno arido (1), si passa da un as
petto quasi tropicale della costa ad uno continentale
con forti sbalzi di temperatura tra giorno e notte (2).
Nella valle del Giordano si hanno alte temperature an
che all'ombra.Se sui monti,a oriente ed a ovest,si re -
gistrano precipitazioni di 600 mm. annui ,queste si ri
riducono di un fattore 10 altrove: si ha un caldo umi -
do e a sud non piove quasi mai durante l'anno.   -
Caratteristico è l'avvallamento (3) del Mar Morto. Le
sue coste,occupate oggi da industrie fiorenti che ne u
tilizzano i minerali e le caratteristiche saline, permet -
tono lo sviluppo della tecnologia.Ben diversa però do
veva apparire la scena a un antico abitante del luogo,
ai nomadi ed ai popoli invasori.   -
1-A.Issar-Fossil Water Under The Sinai Negev Peninsu
la-Scientific American-July 1985,p.83.   -
2- Encycliop. Amer., 21 , American Corporation - New
York 1977,p.198.   -
3-I.Steinhorn et al.- il Mar Morto – Le Scienze-Dicem-
bre 1983,p.96.   -

Tutta l'area è soggetta a mutamenti geologici registra
ti anche dall'erosione delle cime delle colline di varia
altezza che ,al visitatore, si presentano come piani a
livelli distinti. Gli scavi archeologici danno un quadro -
delineato delle popolazioni insediate nell'area di Ca -
naan. Per i palestinesi del sud si ha una documentazio
ne precisa per tempi che risalgono al 3000° a.C.;pre -
senze semitiche si osservano poi in Egitto. In tale peri
odo Canaan si trova sotto il dominio dei babilonesi. -
In Siria,alcuni raggruppamenti del 2000 sono costitui
ti da Aramei. La permanenza nel territorio della Pales
tina di questi ultimi , dei cananei e di altri gruppi non
provoca incidenti mentre Abramo a causa di una ca -
restia si reca in Egitto.Ciò dà un'indicazione dell'indo-
dole essenzialmente pacifica degli abitanti. In seguito
non mancheranno però duri scontri tra gli elementi
locali.   -
Sarà bene introdurre con alcune immagini l'habitat
palestinese.Per il tempo della conquista ricorderemo
Galgala e Bet Oron a pochi chilometri da Gerusalem -
me. Ci sono zone elevate su cui attecchiscno ulivi e ci
pressi.All'estremo nord,l'Ermon è dotato di un clima -
estremamente mutevole quando si procede dalla sua
base verso la cima maestosa. A sud troveremo Masa -
da ai margini del deserto,tra rupi ed anfratti desolati.
Nei primi mesi dell' anno la terra è coperta da   fitti

fiori chiari. Ad Arad c'è una distesa di sabbia e di ghia
ia. Si ammirano strapiombi. C'è caldo quasi torrido do
po aprile. Più a Nord,il deserto di Engaddi nelle vici -
nanze del Mar Morto.Una parte della fauna viene des
critta nel Cantico dei Cantici. Con la fortezza di Masa -
da ritornano alla mente molte espressioni israelitiche
che si riferiscono a Jahvé.La madre di Samuele, Anna,
parlerà di Dio come rupe: Egli è rocca d'Israele.E' ben
facile immaginare un popolo dedito alla pastorizia e
ci sono prove dirette di tale attività per il 4000°a.C.;-
tuttavia il carattere nomadico dei pastori è più eviden
te a Bersabea. Trasferirsi da un luogo all'altro è impos
to dalle caratteristiche del clima:200mm.di precipitazi
oni sono quanto l'agricoltura può sopportare(4)a sten
to. Con la presenza delle capre, dei maiali e dei buoi
si trovano crogiuoli, focolari e attrezzi per tagliare il -
basalto.A Engaddi grano e orzo abbondano.   -
  Del paese noto anche per le gazzelle parlerà Ezechie
le per indicare quale potenza sia insita nella benedizi
one di Dio data dall'esistenza del tempio di Gerusa -
lemme: ci sarà pesca copiosa persino nelle vicinanze
del Mar Morto. La coltivazione in Egitto e in Palestina
era ampiamente diffusa in epoche anteriori al quarto
millennio.Per le abitazioni ricavate dalla pietra viva si
vedranno configurazioni con forma definita. L'edilizia
4-J.Perrot-Siria,p.108.   -

è assai curata in Mesopotamia e sulle sponde del Nilo
intorno al 23° sec. a.C.; prova sullo studio del triang_o_
lo rettangolo sono date dal papiro di Fahun degli inizi
del 2000,ma le piramidi appartengono ad un tempo -
ancora più antico(5).   -

Osservazioni.
 Si vuole dare un quadro unitario delle dimensioni del
sacro tempio di Gerusalemme(p.52, p.57,p.128).   -
Guardiamo perciò all'ambiente ed alla cultura dei p_o_
poli di quel tempo.   -
Nella struttura stessa degli edifici e in luoghi diversi
si trovano elementi di uno stesso mosaico.In pratica,-
come si vedrà,la cultura diffusa su un' area molto va_s_
ta si differenzia solo per apporti originali locali .   -
Parlando del popolo ebraico era anche indispensabile
delineare i punti di vista divergenti che emergono da_l_
la cosmogonia.Basta dare uno sguardo all'indice di q_u_
esto lavoro per notare un'aria di novità per aver indi-
viduato elementi di misurazione riguardanti sia lo sp_a_
zio che il tempo.Per avere un'idea circa la valutazione
dei tempi si può subito pensare al calendario.Un es_a_
me accurato del santuario(teorico)di Ezechiele in rel_a_
5-Le Scienze-Gennaio 1984,p.68.   -

zione ai punti cardinali mostra un collegamento con l'angolo di 23°.5 che segna,in astronomia,l'inizio del le stagioni. Si recupera il vero significato di <Fermati sole a Gabaon,e luna nella valle di Aialon>: è la giusta descrizione(cinematica) delle ore 12 come osservazio ne diretta in un luogo.Finisce l'apparente corsa verso l'alto del sole.Aialon e Gabaon si trovano sullo stesso parallelo.Ciò consente di individuare come punto co - involto della Valle di Aialon il punto medio tra i meri- diani di Gezer e Aialon(p.16).   -

Per studiare il fenomeno occorre una meridiana (6)per la quale si fa uso della latitudine del luogo do ve deve essere posta. Per un cultore di astronomia (7)si può aggiungere che $(29.5) = \dfrac{88.5}{3}$ giorni è un pe - riodo per ritrovare allineamento di sole e luna,utile per i calendari (p.106).   -

(6) G. Romano- Introduzione All'Astronomia - Franco Muzzio Editore. Padova 1985.   -
(7) H. Robert Mills – Practical Astronomy –   -
A User-friendly Handbook For Sky Watchers - Albion Publishing.Chichester 1994,p.110.   -
W.Schroeder -Astronomia Pratica -Ed.Longanesi & C.- Milano 1979.

Santuari cananaici.

Accanto e parallelamente allo sviluppo degli edifici si nota un mutamento delle tecniche attraverso i pro - dotti dell'industria locale come i bronzi,le ceramiche e quanto si può ricavare dagli scritti portati alla luce. E' innegabile il valore di segno dell'architettura, es - sendo essa una sintesi di una serie di elementi compo sitivi da cui emergono aspetti della situazione socia- le. Volendo soffermare l'attenzione sulla Palestina de gli anni compresi tra il 1234 a.C. e 1183 a.C. è bene te ner anche presente la problematica relativa ai luoghi sacri pagani. Bisognerà considerare le concezioni reli giose dei popoli della Mesopotamia e tra questi van - no menzionati i Sumeri la cui letteratura era notissi ma a Babilonia ed i Caldei(8).Sia gli uni che gli altri vi - vevano presso gli estuari dell'Eufrate e del Tigri. Poe mi babilonesi sono stati trovati a Ninive,ove c'era la - biblioteca di Assurbanipal scoperta nel 1853. Gli dèi,- secondo i Caldei,possono intervenire a favore o con - tro gli uomini. Quanto essi pensavano sull'aldilà si ri- cava dalla lettura dell'Epopea di Gilgamesh, un re di Uruk. Già si utilizzava catrame presente anche sulle - sponde del Mar Morto,e si parla nel poema del vino da dattero, di metalli come l'oro e l'argento,di buoi
8- J.Oates – Babilonia - Newton Compton-Roma 1984, p.230.

immolati e di pecore(9). Dio della creazione è Marduk
e l'attenzione converge sul tempio per il fatto che gli
uomini impastati col sangue del dio, devono praticare
un culto in un luogo che fa gioire il cuore. Esisteva la -
magia e non mancavano indovini ed astrologi. Da un
punto di vista spirituale si può dire che negli scritti ba
bilonesi ci sono prescrizioni e suggerimenti normativi
per il cibo,per i vestiti e per le preghiere.Si ha percezi
one del fenomeno spirituale,tuttavia c'è la remora -
del fantastico della speculazione umana come accade
in altre religioni.   -
     L'oggettività della dimensione trascendente che è
parte integrante della persona umana non fa che tra -
pelare di continuo dalle disposizioni,e si rileva una su
bordinazione dell'esistenza alle leggi costitutive in -
scritte nel cosmo. Non bisogna dimenticare inoltre -
che la mitologia dei Babilonesi esiste accanto ad altri
miti. Le teorie dei Fenici devono essere tenute d'occhio perché c'era stretto legame tra essi e palestinesi.
……………… Già anticamente si pensava di poter dimos
trare che il pantheon dei greci derivasse da una lenta
trasformazione di fatti storici tramandati dalla Fenicia
ed Eusebio dà notizie sul culto dei serpenti ivi praticato, sulle allegorie e sull'iniziazione ad alcuni misteri. -
9-Parrot- Archeologia Della Bibbia- Newton Compton-
Roma 1978,p.23.   -

Una descrizione tipica della prassi mistagogica si tro -
verà in Plutarco(al 1° secolo).In essa ciò che è essenzi-
ale è lo sperimentare,non l'apprendere.Allora non c'è
reale ricerca della verità.   -

  All'epoca di Hammurapi e di Mari,distrutta nel 1759
a.C.,Hazor è la città più importante della Palestina. E'
stata localizzata nei pressi di tell Al Qedah secondo
le indicazioni più recenti di Yadin (1955),vicino al lago
Hule.Un suo re,Jabin,sarà sconfitto da Giosuè. Hazor -
dà una precisa documentazione sulla tipica città cana
nea. Anche a Biblos ci sono costruzione che risalgono
al 1786 a.C.; in Egitto regna la dodicesima dinastia.   -
Esisteva un florido commercio. Nell'età del bronzo il
tempio è dotato di cella e già da molto tempo la città
può essere considerata la più fiorente dell'intero do
minio siro-palestinese.Nei suoi santuari sono stati rin-
venuti vasi egiziani,oggetti metallici e sigilli che riman
dano a contatti con la Mesopotamia. Del medio bron
zo sono le ceramiche a due colori di Hazor e di Dan.-
Si assiste pure ad un cambiamento del tipo di fortifi –
cazione; nella Palestina ci sono gli Hyksos. Con l'inizio
del periodo del ferro ci saranno a Silo quelle costruzioni e ceramiche tipiche diffuse in tutta la Galilea; ma
ad Ai e nel Negeb le case sono spesso a quattro stan-
ze e anfore presentano bordo curvo.Trabezioni sono
sorrette da pilastri e a Silo si edifica su rovine cana -

nee (10). Successivamente nella Palestina si trovano -
gli Ittiti e ci sarà la dominazione egiziana.Documenti -
riguardanti il primo popolo forniscono notizie sulle –
credenze dei filistei e l'attitudine generale circa i bo̲t
tini di guerra,e ciò è utile nella restituzione dell'arca.

   Un paragone tra i rispettivi dèi è efficace se si vogli̲o
no cogliere sfumature della propiziazione ed altri -
aspetti del religioso. La pratica di trasportare dopo la
vittoria le immagini del dio dei nemici permette a̲n -
che una riflessione teologica.   -
Col primo libro di Samuele ove si sottolinea il prof̲e -
tismo si farà risaltare la sua opera ponendo sempre
Jahvé a guida degli eventi.L'influenza delle popolazi̲o
ni dell'Egeo e specialmente di Micene si stabilisce con
l'esame dei reperti rivenuti nei siti.Fino a sud si avrà -
uniformità di caratteri.   -

Altre località di rilievo.
Ad Abel Sittim,ad est del Giordano ,Giosuè attende le
spie prima di muoversi verso Galgala(11).La conquista
di Gerico è immediata. Era allora una cittadina che o̲c
cupava un'area la cui dimensione massima era di 230
10-Kempiski,2,p.74.   -
11-E.R.Galbiati et al.-Atlante Storico della Bibbia e de̲l
l'Antico Oriente-Jaca Book-Roma 1983,p.72s.   -

m . circa (12). Sulla strada principale case e mura fat-
te di mattoni.Tra i reperti ritrovati nell'anticoTell(resi
duo della cittadina distrutta)sono inclusi miglio,orzo,
lenticchie,stoffe,uva e recipienti di varia forma, melo
grane,pettini di legno, ciondoli ,maschere dipinte usa
te per morti e bottigliette di profumo.Si ha così un qu
adro di quanto si poteva disporre in una località con
palme da dattero,banane a dicembre per il caldo afo-
so.Vicino c'e Gabaon con 35 gradi d'estate. E' provato
che c'era il trasporto del vino in vicine località. Non fa
meraviglia quindi che Anna sia considerata ubriaca -
da Eli;nelle ricorrenze religiose si faceva largo uso del
fermentato alcolico. Come torchi rudimentali c'erano
sistemi a pressione esercitata mediante una grossa pi
etra piatta. Ancora ai tempi dei romani sarà in uso il
palmento,vasca in muratura coperta con tavole su cui
si premeva con i piedi. Nelle Georgiche di Virgilio se -
ne troverà un vivido ricordo (13).Sui colli palestinesi
il prodotto veniva custodito in piccoli recipienti ripos
ti in cavità praticate nella roccia.Tutto doveva essere
ricoperto per evitare sbalzi di temperatura.   -
 A Gabaon come monumento degno di essere ricor –
12-R.Harker- il Mondo della Bibbia-Newton Compton-
Roma 1981,p.41.   -
13-N.Borrelli – Tradizioni Aurunche-Centro Studi Min-
turnae-Perugia 1984,p.98.   -

dato si ha una piscina(p.24) che sostanzialmente è un cilindro ricavato dal suolo piatto.In caso di assedi o l'accesso era garantito da una galleria sotterranea. Ci sono 79 gradini,cioè 80 divisioni.   -

Si noti che un quadrato di lato 57 ha una diagonale di 80.6 circa. In generale le colonne o stele sono un mezzo impiegato dagli antichi per tramandare ricordi. Esse hanno scopo che può essere di memoria (se riferiscono gesta di un eroe) ,legale (a causa di patti), commemorativo(in relazione a voto) ed infine di culto (per un tempio).   -

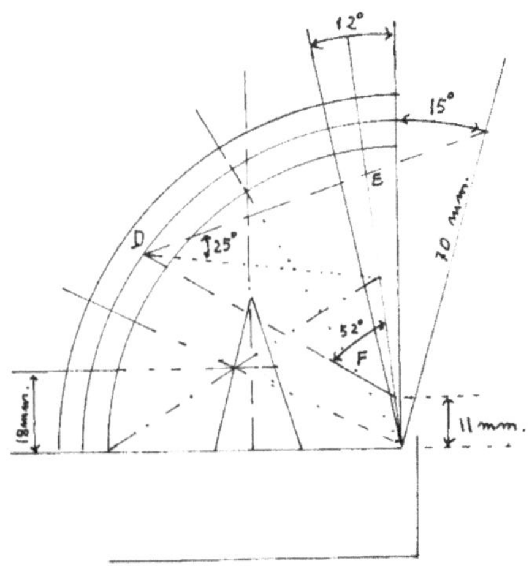

Fig.6- Misure* di spazio e di tempo a Biblos. DEF è il triangolo di L. Danzer**.

Con cerchio di raggio **49mm** (dall'origine degli assi al vertice della piramide) si ha

553-49=504 $\Rightarrow$ $\dfrac{30.24}{504} = \dfrac{360°}{6000°}$ (p.120)

$$6000° = 16(360°)+240° \; .$$

 49 |21.8

18.05|8.03

 36.1 |16.06   Se tan$\alpha = \dfrac{8.03}{16.06}$ $\Rightarrow$ $\alpha = 26°.56505118$.

90°-12°=78°

78°-α=51°.43494882$\cong \dfrac{360°}{7}$=51°.42857143

*A.Cotterel - Civiltà Antiche - Editori Riuniti – Roma - 1981, p.150 .   -

**M.Senechal-Quasicrystals and Geometry-Cambri̲d̲ge University Press-New York 1955.   -

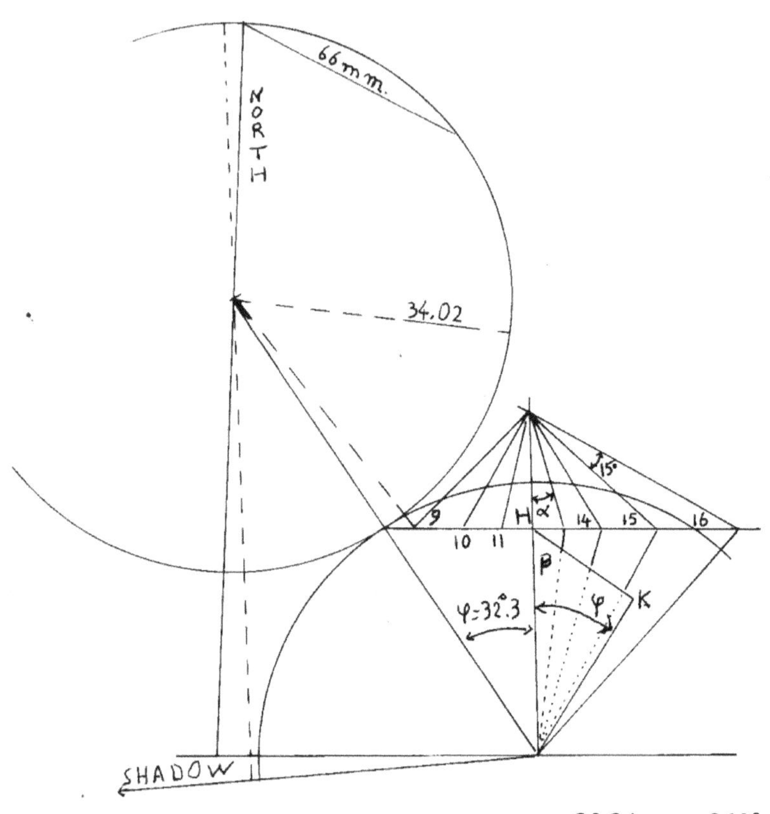

Scala: 30.24 ogni 360° ; $\dfrac{30.24}{34.02-7.56}=\dfrac{360°}{21(15°)}$

30.24(112.5)=**3402**

Fig.7- L'ombra di un colonnato* di Gezer viene qui -
posta in corrispondenza di una meridiana orizzontale
[φ = latitudine ; tanβ = sinφtanα - (p.114)]. Shadow=
=ombra.77mm = raggio del cerchio.

*A.Paul-Photo- Guide De l'Ancien Testament- Paulton
1976,p.56.

Primi santuari israelitici.

Durante le peregrinazioni nel deserto,la presenza di -
Jahvé era associata al tabernacolo mobile;Silo sarà se
de del tempio* per eccellenza,perché l'arca vi si trova
va stabilmente. Del villaggio non si trovano oggi che -
rovine,a 18 miglia e mezzo a nord di Gerusalemme -
su un suolo collinoso nel territorio di Efraim.   -
   Al tempodi Eli la manifestazione della parola di Dio
veniva considerata rara cioè preziosa.Eusebio segnale
rà la zona nel suo Onomasticon tradotto poi da Giro -
lamo.Era probabilmente in antico luogo ricco di orti -
specie sulle pendici vicine, come si ricava dalla lettera
di Paola ad Eustachium che ricorda Silo sotto gli orti
(1). Nel santuario che è il più importante per gli israe
liti si svolgono le cerimonie fondamentali della nazio
ne e si esercita un controllo sul culto praticato anche
con diversa modalità in modo più spontaneo in altri
luoghi. Echeggiano dal tempio le parole del cantico di
Anna,madre di Samuele(2). Le feste sono occasioni -
che danno agli israeliti la possibilità di far conoscere
la tradizione ed è obbligo quello di servire Jahvé;ma -
*Eli è il sacerdote;alla cattura dell'arca,cade e muore.
1-J.B.Metzlershe-Real Encyclop. 1927,p.102 .   -
2-M.Haran-Tempels And Temple Service In Ancient -
Israel-Clarendon Press-Oxford 1978 .   -

ella ha una devozione personale che si esprime in una meditazione(3).Nelle sue parole scritte con la stile dei salmi,c'è gioia che deriva dalla salvezza,l'esultanza di chi rifugiandosi in Dio ha trovato aiuto:"et exaltatum (4)est cornu meum in Deo meo[= s'erge la mia fronte grazie al mio Dio(1Sam 2)]. Samuele sarà affidato ad - Eli che dai settanta vien detto governatore. Al ringraz<u>i</u> amento, Anna attribuisce la sua fortuna a Jahvé,Dio - che non ha uguali se si guarda alla sua sovranità e ai prodigi(5).Esso presenta tratti poetici e temi in una - forma che dipende dalla fase redazionale. Elkana, p<u>a</u>dre del profeta,si recherà al tempio ad adorare con umiltà e profonda riverenza. Samuele è il nome che vien dato perché, come afferma la donna<da Jahvé ... io lo chiesi > (6). Sin da ragazzo Samuele è al servizio di Dio al tempio. Non farà uso di alcoliche bevande.Si può riconoscere per lui lo schema tipico usato dagli <u>a</u> utori biblici per altri casi straordinari, ad esempio q<u>u</u> ello di Isacco. Gli elementi principali che specificano - la tematica sono i seguenti(7): il sacro, un timore,una comunicazione, la preghiera per avere un segno ed <u>in</u>

3-J.Mauchline-1 and 2 Samuel-Oliphants-London.   -
4- D.G. Bressan - in La Sacra Bibbia-Marietti Ed.1963 -
5-P.Kyle-Mac Carter Jr.-Samuele,p.74 .   -
6-P.Kyle et al.,p.62 .   -
7-R.W.Klein- 1 Samuel -1983,p.4 .   -

fine l'avverarsi di ciò che era stato invocato.La mani -
festazione divina divina in Silo non si ebbe per una
particolare celebrità del luogo o perché vi si trovasse
l'arca: più che di olocausti e di sacrifici Jahvé si compi
ace dell'obbedienza e della fedeltà di Samuele.
L'arca del patto di Jahvé Elyion era dotata di quattro -
anelli che servivano per trasporto mediante pali.Che -
rubini sono posti su di essa;come geni per i palazzi re
ali sono raffigurati anche sulle soglie di edifici meso -
potamici.Ora danno solennità all'arca trono di Jahvé.
Compaiono in teofanie accompagnate da uragani, ter
remoti e fuoco.Del tempio di Silo non si parla che nella sola Bibbia;pellegrini vi si recavano di per le feste ri
tuali di anno in anno. Le testimonianze archeologiche
provano (8) che Silo fu occupata nel periodo del bron
zo e prosperò fino all'epoca del ferro. Con l'avvento -
della monarchia perde peso,ma ha splendore al tem -
po dei Seleucidi.Ceramiche ellenistiche,bagno in ville,
muro di difesa,necropoli danno ancora utili indicazio-
ni(9). Nel primo libro delle Cronache si afferma che El
kana è della famiglia dei leviti; più specificamente si -
tramanda che il suo ceppo è quello di Keat(uno dei fi
gli di Levi).Dato che si recava a Silo,si inferisce che c'è
8-The Interpreters' Dic. of the Bible – Supplementary
Vol.-Abingdon Press-Nashville 1976,p.329.   -
9-Enciclopedia Cattolica-Sansoni.   -

una tradizione familiare religiosa.La derivazione levi_
tica non è esplicita nei testi di Samuele .   -

Vale la pena di precisare che l'espressione ebra_i
ca per la visita a Silo è "di tanto in tanto"= miyyamin
yamina. I salmi citeranno il tempio come luogo in cui
Dio aveva la sua dimora.Tuttavia,nel circondario "ve_n
nero meno come un arco che fallisce....Udì Dio e...a_b
bandonò il tabernacolo di Silo,la tenda... (Sal.78) " . -
Geremia additerà questo fatto e conseguente puniz_i
one come esempio del giudizio di Dio quando,nella -
Geenna,a sud fuori le mura di Gerusalemme,saranno
immolati figli e figlie nel fuoco nella valle di Ben Hi_n -
nom a Tofet. Questo profeta proferisce la condanna
perché su tetti delle case ed altrove< sono state po_r -
tate offerte a Baal ed effettuate libazioni ad altre div_i
nità(Ger32.29). La denominazione di altura come lu_o
go pagano acquista con Geremia un significato simb_o
lico essendo Tofet(luogo del massacro) in una valle -
(10). Le abominazioni sono denunciate menzionando
il sangue innocente,gli dèi stranieri,le offerte di ince_n
so a divinità che gli Israeliti non hanno conosciuto. -
I figli di Eli erano empi; cadranno quando l'arca sarà
catturata dai filistei.Quest'ultima non farà ritorno a -
Silo,ma dopo una sosta a Bet Semes rimarrà a Kiriath
10-J.Emerton- Studies In The Historical Books Of The
Old Testament-J.Brill-Leiden 1979,p.92 .

learim per vari anni.Alla festa di Silo i pellegrini Sali -
vano al sacro monte con canti accompagnati da flau -
..........Questo è permesso da una santa ed onorata tra
dizione identificabile (11) con quella del tempio. Si po
tevano invitare i notabili a conviti in cui si mangiava -
no le carni dei sacrifici.A Silo l'arca è oggetto di un cul
to che santifica.   -
Palazzo del Signore,il tempio stesso è l'unica sua casa
che esiste prima di Salomone. Vediamo Eli nei pressi
della porta.Fra le tradizioni bibliche osservate a Silo si
ha l'uso dell'ephod di lino per i sacerdoti.Tale è la ves
te indossata da Samuele.Essa per i consacrati espri -
me l'appartenenza a Dio da cui trae origine la benedi
zione; i suoi ricchi ornamenti la gloria di Dio ed il dia -
dema un dono prezioso.In senso simbolico rappresen
terà le opere giuste dei santi che, col profumo delle -
preghiere, saranno a Dio gradite(12).Viene registrata
una malattia(13)ed i suoi sviluppi nell'uomo e nei ro -
ditori a causa della pulex Cheopis. La peste ha come
portatori i topi.
 11-R.E.Brown- Comentario Biblico San Geronimo ,1°,
Edic.Cristiandad-Madrid 1971,p.449.   -
12-R.K.Harrison-Introduction To The Old Testament -
Tyndall Press,p.449.   -
13-Peste bubbonica.   -

L' irradiazione (14)può avere un interesse per la medi
cina.Samuele aveva una casa in Rama che è a sei mi
glia a nord di Gerusalemme(15). Si recava annualmen
te in città come Betel,Galgala e Mizpa.Ramataym so -
sono i luoghi vicini. Secondo Eusebio ci si trova a Rem
tnis e per Girolamo la regione è quella di Timnah; sia
mo ad ovest rispetto al suolo di Efraim(16).Mizpa sa -
rà sede di assemble per gli israeliti, vicina all'altare di
Rama, quindi sotto l'influsso della preghiera.   -

  Culto idolatrico divampa a Sichem all'entrata ad est
del passaggio che esiste tra monte Ebal del nord e ca
tena posta più a sud col Garizim.Esso rappresentava -
un varco per andare ad ovest attraverso i monti della
regione di Efraim.   -
Silo è solo a 15 Km. da Betel. Dan ,per la sua posizio -
ne importante dal punto di vista strategico,sarà scelta
come capitale da Geroboamo. Scavi a Bersabea nel -
Negeb ,dove per la caccia si utilizzavano armi rudimentali di osso e di avorio,nel 1969,hanno fatto recu
perare le pietre di un antico altare con corni (usate -
poi come mattoni per rinforzare un muro).Un serpen
te che lo decora,di incisione pagana, rivela il sincretis
14-Kyle-Samuele,p.123 .   -
15-Governò la comunità secondo la legge del Signore.
e non accettò donativi.   -
16-Kyle,p.58 .   -

mo della città(17). Silo è il centro promotore della religione di Jahvé.   -

 Dopo la caduta della città(Salmo 78.60),quando i
Filistei prevalsero su Israele,i suoi abitanti,pellegrini -
provenienti da Sichem e Samaria si recheranno alle ro
vine del tempio per offerte pacifiche.   -
Dio aveva <consegnato la sua potenza alla prigionia,la
sua gloria alla mano del nemico(Salmo 78.61)>: infatti
l'arca è simbolo della sua potenza e del suo splendo -
re(Zondervan,p.880).A Dan è già in funzione un santu
ario secondario al tempo dell'arca.Geroboamo porrà
i suoi altari a Betel.   -

17-H.M. Barstad- The-Religions' Polemics Of Amos -
J.Brill -Leiden 1984,p.199 .   -

Samuele profeta

Con Samuele si ha una narrativa riguardante l'arca. Essa evidentemente era importante specialmente a Gerusalemme per informare i visitatori (18).A Mizpa - Samuele fa libagioni. Si tratta di riti di tipo penitenziale dato che c'è il digiuno e confessione.E'facile pensa re al decimo giorno del settimo mese, giorno del perdono, sola evenienza in cui si digiunava (19). Si ha - perciò una purificazione in cui interviene il popolo e Samuele esorterà ad abbandonare Baal.Al plurale ta le denominazione può essere considerata generica, - però essa è l'epiteto fondamentale del dio della tempesta cananaita Hadad.Nel profetismo di Saul si vede la partecipazione estatica ad una manifestazione dello spirituale,fenomeno che si riscontra anche tra gli a-arabi. La via del bene viene additata dal giudice col proclamare il disegno divino:"l'obbedire è meglio del sacrificio..."(1 Sam 15.22). Un altro degli aspetti svilppati è il sacerdozio. Zadok è il sacerdote di Davide e di Salomone;sarà segnalato come prete fedele. L'auto 18-R.W.Klein-1° Samuel-World Book Publisher-Waco Texas 1983,p.143 .p.143 .   -
19-Con acqua si asperge l'altare di Salomone durante la processione annuale(cui partecipano i laici) nella zo na riservata ai sacerdoti.   -

rità dei zadokiti sarà assoluta dopo la riforma di Giosi
a.La venuta di quest'ultimo preannunciata al tempo -
degli altari pagani di Geroboamo segnerà la distruzio
ne degli idoli. I ministri del culto di tutto il paese era -
no coordinati da Gerusalemme(20). L'ufficio del sacer
dozio segue vicende parallele a quelle dell'arca.   —
Prima di Samuele i patriarchi esplicano diverse funzio
ni che nei tempi posteriori faranno parte del dominio
specifico dei sacerdoti. Questi dovranno illustrare la -
parola di Jahvé e garantire l'ordine della giustizia che
originariamente scaturisce dai voleri divini.   -
Se l'insegnamento comporta un insieme di valori ed u
sanze, il sacerdote è visto come colui che prega e che
inserisce il sacro nella realtà dell'esistenza. Samuele è
posto a capo della comunità .Segna con la sua vita la
fase di transizione al periodo dei profeti e ne rappresenta il prototipo.Simile alla storia di Samuele,sotto -
certi aspetti, è la saga di Sansone(21).   -

20-G.Von Rad -Teologia dell'Antico Testamento-Paide
ia Ed. -Brescia 1972,p.278 .   -
21-E.Pace-Dizionario Di Sociologia E Antropologia Culturale-Cittadella Editrice —Assisi 1984,p.334.   -

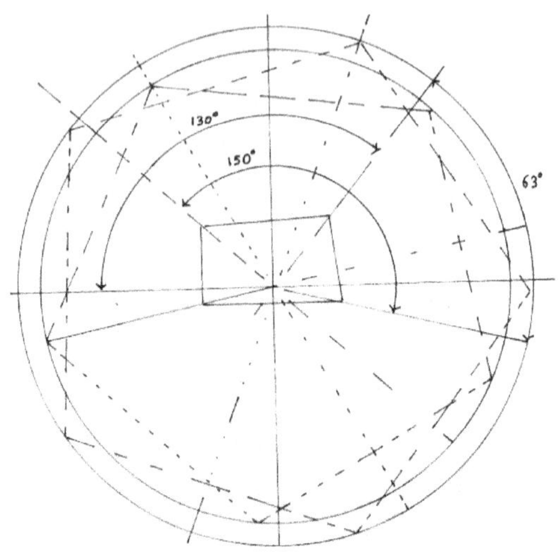

Fig.8-La cittadella di Davide(11° secolo a.C.).

Tempio di Salomone.

L'organizzazione sociale sulla terra palestinese è mol_to differenziata già nel 3000 a.C.: se in un circondario si lavora il metallo,altrove si rinviene avorio(1).Per re carsi nella capitale in Galilea non ci vorranno sforzi. - Essa è al centro del territorio occupato. Solo con Salo mone avrà inizio la costruzione del tempio e sarà pos sibile assistere ai sacrifici regolarmente, celebrare le feste della tradizione .I patriarchi visitavano Sichem, Ebron e Bersabea per vedere Jahvé. Ad Ebron Abra - mo intorno al 1850° a.C. acquisterà il terreno della tomba di Mackpela .Bersabea ,alle porte del deserto
1-Perrot-Siria,p.47.   -

50

abitata dai beduini , offre un mercato per i nomadi -
che attualmente sono circa 35 mila(2); il tempio di Sa
lomone fu distrutto e così quello nuovo riedificato do
po l'esilio. Sul piazzale del monte sacro per gli ebrei si
erge la moschea detta di Omar,abbellita da marmi po
licromi e da scritte del Corano(3). Prima di essere isra
elitica, Gerusalemme era abitata dai gebusei. Alla fine
del quarto millennio dominavano i suoi colli sulle più
importanti vie di transito del paese.Melchisedek è sot
toposto all'impero egiziano. Ci sono testimonianze in
proposito scritte nelle famose lettere di Tell El Amar-
na(capitale di Akhenaton). Le iscrizioni babilonesi a ca
ratteri cuneiformi,rinvenute a 200 miglia dal Cairo, riferiscono episodi verificatisi intorno al 20° sec. a.C. -
collegabili con gli ebrei.   -
Giosuè sconfiggerà Adonisedeq; Davide è invece l'ar-
tefice di una maggiore unità delle dodici tribù. Culto
idolatrico non fu impedito dall'esistenza del tempio. -
Per l'influenza di Tiro si avrà in Gerusalemme un santuario dedicato a Baal. La cittadina,con poche migliaia
di nomadi, era arroccata sulla collina; venne fortifica
ta e si ricavarono anche utili terrazze dal suolo(4) . -
2-V.Malka-Israele-Edizioni Futuro-Verona 1982,p.122.
3-A.Guzzetti-il Messaggio Di Allah-LDC-Torino 1979 . -
4-Atti XXVI Settimana Biblica – Gerusalemme-Paideia,
Brescia 1982.   -

Davanti al tempio, i cui bronzi sono fusi da operai ed
artisti specializzati di Tiro,vien messo un magnifico ba
cino di bronzo per le abluzioni. Alla sua base ci sono
dodici tori che saranno rimossi in epoca posteriore. -
L'equilibrio architettonico ottenuto con aggetti ed in-
cavi richiede un' adeguata ornamentazione.Come sede dell'arca, il tempio non è che una tappa della spe -
ranza che animava il popolo eletto(5).Nella regola del
rotolo degli scritti di Qumran il problema dell'acqua è
ampiamente discusso.Prima di entrare ci si lavava al –
le fonti poste a non meno di 2500 cubiti dal tempio. -
-------Esse non dovevano trovarsi ad ovest a causa dei
venti(6). Ad est,si stagliano i monti e non si può scegli
ere tale direzione.Negli altri punti cardinali non sareb
bero state viste subito.   -
Perciò sono a N-O (p.61) e alla destra di chi esce dal -
santuario. C'è orientamento del tempio lungo la linea
est-ovest,ed il suo ingresso è a Est.Mentre l'arca è se
gno del patto,il tempio dimostra l'elezione da parte -
di Jahvé .Da lui Davide avrà una casa.Affidato a Zadok
con una cerimonia fastosa,il luogo sacro era costitui -
to da tre elementi principali. Dopo un vestibolo si ac-
cedeva al santo (20x40) ed al santo dei santi (20x20)
5-E.Beaucamp - La Bible Et Le Sens Religieux De l'Uni-
vers-Du Cerf-Parigi 1959,p.33.   -
6-R.Harker-il Mondo,p.107.   -

ove entrava il gran sacerdote in occasione dello yom
Kippur.Di forma cubica.quest'ultimo stadio era com -
pletamente oscuro e due cherubini di altezza pari a –
metà della camera custodivano le tavole mosaiche -
della Legge.Essi sono di legno e ricoperti di oro;danno
l'idea delle sfingi alate usate in Fenicia ed in Siria. Ke-
rub è un termine accadico e presso i vari popoli sem -
bra indicare un genio consigliere degli dèi e un avvo -
cato per i fedeli(7).Prima del vestibolo ,oltre al bacino
di bronzo c'è un altare a gradini forgiato con lo stes -
so metallo(8).Con Salomone si stabilisce la distinzione
tra unzione sacerdotale e quella del re.Ministro dei sa
crifici è il sacerdote ed occorre ricordare che,benché
ci sia l'arca,il luogo che la contiene non è l'escusivo -
per la presenza: Dio ascolta le preghiere dalla dimora
celeste.Ciò era stato già capito negli scontri con i filis-
tei:si fa luce l'idea di culto spirituale ;il tempio stesso
è sorgente di quella grazia che poi nelle epoche successive sarà definita acqua viva del culto.Per la costru
zione le pietre furono trasportate dalla Giudea fino al
monte Moria a nord-est di Gerusalemme,vicino al pa-
lazzo reale.   -
7-R.De Vaux- Ancient Israel -Darton Longman & Todd-
Londra 1962.   -
8- P.Reymond - L'Eau, Sa Vie Et Sa Signification Dans
l'Ancien Testament-J.Brill-Leiden 1952,p.235.   -

Ornato con gusto raffinato che utilizzava cedri, porte di olivo con striature e decorazioni molteplici, fu poi consacrato con una festa e l'offerta di ventiduemila buoi e ventimila montoni(9). Divenne luogo di dibatti ti,di ricerche,d' istruzione e in esso venivano prese im portanti decisioni. Nell'interno c'era l'altare di bron - zo a quattro corni ove i ricchi offrivano animali e i po- veri cereali e colombi.Hiram aveva mandato validi ar- tigiani.Mediante zattere i cedri di Sidone ed abeti per vengono agli Israeliti in cambio di olio.   -

Con Salomone il regno conobbe un'operosa prospe rità attribuibile alla saggezza del re.Davide aveva vin- to i nemici estendendo il confine della lega delle tribù dall'estremo nord fino a Bersabea.Frutto questo del- la benevolenza di Jahvé nei confronti del suo popolo che viene espressa in parte nei salmi[con caratteristi- che poetiche declamati nei palazzi reali(10)]. Nel pe riodo che segue l'esilio costituiscono un repertorio di preghiere.   -

9-J.Uris et al.-Gerusalem- Le Cantique Des Cantiques - Doubleday-New York 1981,p.71 .   -
10-T.Ballarini-Salmi-Dehoniane-Napoli 1978,p.286.   -

Osservazioni

Parlando dei santuari della Palestina bisognava anche cosiderare Hazor, Gezer e Biblos. Sia ad Hazor (cfr. - Kempinski-Siria,2,p.70) che a Biblos (p.39) è possibile intuire che vari colonnati servivano per controllare il movimento di fonti luminose (ad esempio, sole o pia neti, ecc…).In particolare tramite un colonnato di Ge zer ed un'ombra ivi proiettata sul terreno ,dalla mutu a posizione delle colonne si trova la latitudine e con essa ricostruiamo una meridiana orizzontale(p.40) . -

Come primo santuario israelitico e sede provvisoria dell'arca si ha quello di Silo 15 Km da Betel. Ad esso - portano al servizio di Jahvé il fanciullo Samuele nato in seguito ad insistenti preghiere della madre. Adulto presiede alle pratiche penitenziali in una serie di ter ritori. Dopo la cattura da parte dei filistei, l'arca non - torna in Silo alla sua restituzione.   -

Prima di appartenere agli israeliti Gerusalemme era dei gebusei.Al tempo di Davide la cittadina era abita ta da poche migliaia di nomadi. Davide estese il confi ne della lega delle tribù dall'estremo nord fino a Ber - sabea .Salomone sarà il costruttore del tempio che - sorse all'interno della cittadella di Davide (p.50). Fa mosi sono i cherubini che custodiscono l'arca ed impli cano una differenziazione dalle analoghe figure meso potamiche. Sorgente della grazia (che in epoche suc -

cessive viene denominata acqua viva del culto) è il -
tempio.

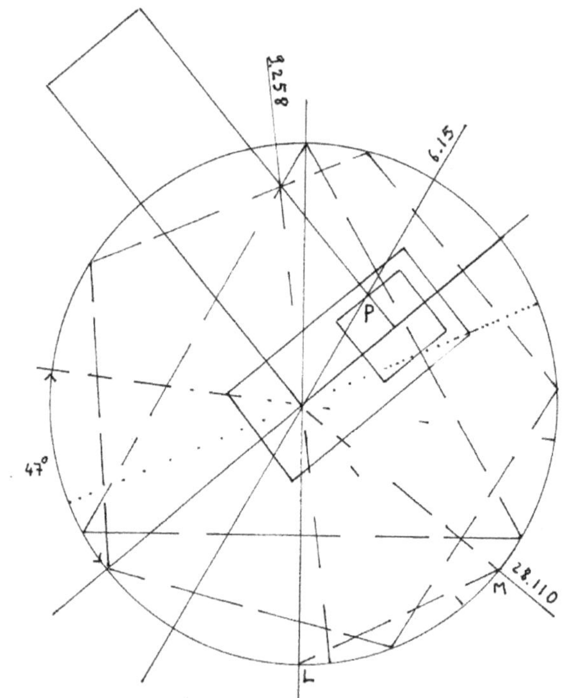

Scala 360°≡ 30.24

Fig. 9- P è l'ingresso a nord* del tempio(Ez 8.16).
23°.5=47°/2 ≡solstizio (cfr.G.Romano- p.37). Come fa
notare Bultmann,<(**Mt 9.26)**=alla guarigione della fan
ciulla con Gesù se ne sparse la fama>è un unicum di -
Matteo.*The Zondervan NIV Bible Commentary-vol.1,
p.1350.
**R.Bultmann-Teologia del Nuovo Testamento- Queri
niana-Brescia.

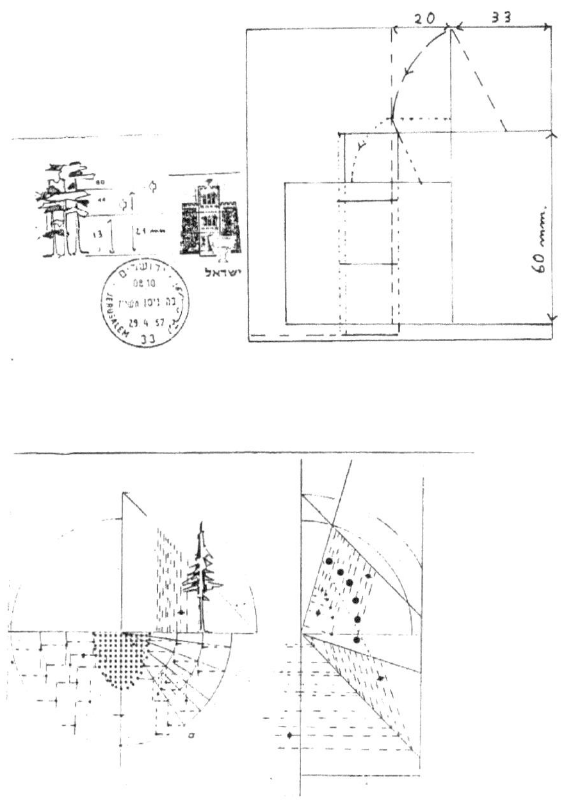

Fig.10- In alto: francobollo (1957) con la facciata del tempio;in basso: bracci ellittici del candelabro.

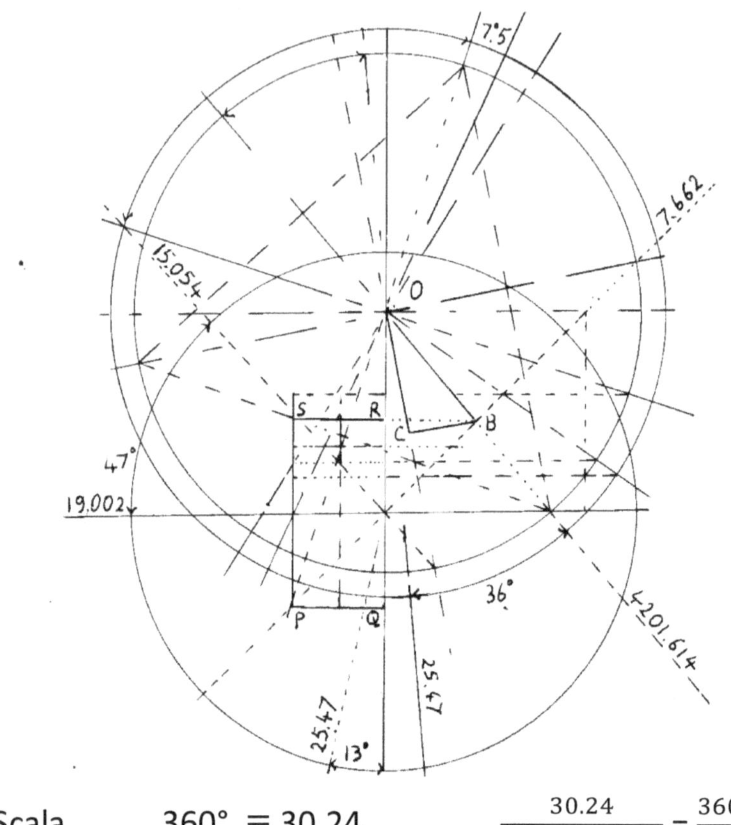

Scala   360° ≡ 30.24 . $\dfrac{30.24}{25.47-19.002}=\dfrac{360°}{77°}$

Fig.11-PQ=25mm .A tempio distrutto,il prestigio passa alla città. B e C sono due vertici della cittadella di Davi de; OC è la direzione di un suo muro.In preghiera,tre volte al giorno, Davide è menzionato come < messia della **giustizia di Dio**>.PQRS=tempio di Ezechiele fuori della cittadella ingrandito.   360(**2547.9**-**89.4**)= **29.53058025**(29970.96544)giorni. (p.120;p.106) . -

Tempio di Ezechiele.(1)

L'opera dei profeti diviene importante soprattutto qu
ando comincia lo sviluppo della città come struttura -
organizzata. Si delinea allora una tradizione, sorgono
problemi di gestione legati alla crescita degli agglome
rati urbani e i vari ceti sociali devono essere sostenu
ti a causa della sopraffazione dettata da un cieco indi
vidualismo.Sorge una disciplina per i sacerdoti. I suc -
cessori di Zadok possono servire all'altare e devono
indossare solo vesti di lino(2).Nei tempi anteriori,tem
pio e palazzo si trovavano in un unico complesso co -
me accadeva per altri popoli.In Egitto c'è confusione:
le tombe dei re si trovano vicino al tempio. Essendoci
idolatria in Gerusalemme ,le misure di Ezechiele sono
ben precise al fine di organizzare il culto.   -

   Con la dispersione, lo stato non è riuscito ad esple
tare la missione religiosa e Geremia predice una nuova religione,quella della trasformazione del cuore(3).
Ezechiele d'altra parte sarà più il profeta teologo.   -
Con Salomone ,il sacro è l'arca, ma il prestigio della -
1-NIV Bible Commentary - Vol.1°-Old testament -Zon
dervan Publishing House- Grand Rapids(Michigan).   -
2-A.Dupont - The Essen Writings From Qumran - The
World Publishing Comp.Cleveland 1962.   -
3-A.Gelin – Les Idées Maitresses De L'Ancien Testa
ment-Du Cerf-Parigi 1959.   -

santità passa al tempio.Da descrizioni poco esaurienti o scarne è i dispensabile procedere a una ristrutturazi one con più particolari. A ciò serve quella minuziosa del riformatore.Al servizio dei fedeli erano posti i leviti che si occupavano tra l'altro delle carni dei sacrifici. ...Al centro della nazione c'è il prete.S'impone un con controllo sulle bilance e sui pesi,la necessità di far spa rire la violenza e la rapina. Scompare definitivamente la figura del re prete Melchisedek.Un sovrano è un la ico che prende parte alle cerimonie e contribuisce ad incrementare il culto(4). La vita del popolo riceve im - pulso mediante assemblee e dal fatto che il tempio è stabile.La distruzione di Gerusalemme aveva portato alla formazione della sinagoga e quindi al culto della parola che come ministri vede i profeti. I preti rego - lano il sacrificio. Nella comunità vengono salvati e tra mandati i valori. La meditazione della Torah farà pro gredire il popolo salvaguardandolo da errori. Attraver so i salmi si loderanno la saggezza, la fraternità;e gli esempi invitano all'emulazione. Nonostante una visio ne messianica, il sistema israelitico è quello di una co munità etnica senza intenti di espansione universale. Attraverso le attività e le istituzioni che hanno origi ne dalla mentalità cultuale sarà possibile comprende re il cambiamento apportato da Ezechiele.Non si può 4-A.Gelin,p.52 .   -

trascurare perciò nulla di quanto concerne la religio
ne per avere uno sguardo unitario sui concetti dell'e
poca. Si baderà così alla liturgia ed a tutta la fenome -
nologia religiosa compresa nei pellegrinaggi,nei sacri
fici,nelle riunioni e nelle preghiere. L'aspetto escatolo
gico è un altro elemento che si riferisce alla speranza.
Come punto di riferimento dell'ideale cultuale rimane
il santuario.Ezechiele ha un progetto che si estende al
le generazioni successive:il suo intento è efficace. Nei
profeti postesilici si nota la sua influenza e perciò la
ricchezza del suo messaggio.Viene precisato e amplia
to quanto preconizzava Geremia.Essendo differenti i
contesti entro cui tali profeti agiscono, cambia per -
essi la problematica.Ezechiele fa leva sulla pietà e su
confidenza in Dio basata sul dialogo diretto. Geremia
vuole che i cuori siano purificati ,e il tempio stesso ne
manifesterà il programma. Quando c'era Salomone la
città era più a sud del tempio e non erano necessari
tre ingressi. Dopo l'ottavo secolo,l'ampliamento della
città si avrà ad ovest(p.58) in collina e nella valle fin al
le vicinanze del monte Ofel. La porta di **ovest** consen-
tirà agli abitanti di accedere al tempio senza girare in
torno alle mura.Esso è tempio reale al contrario di al
tri come quello di Betel.Invano Geroboamo con i suoi
templi del nord cercherà di modificare quel sentimen
to di pietà che veniva ispirato da Gerusalemme. Eze -

chiele nella restaurazione non lascia nulla al caso.Nel
la descrizione biblica colpiscono subito le superfici da
lui ben delimitate. Ciò ha una mira particolare e inno-
vativa rispetto alle narrazioni semplici del libro dei Re
che riguadano il tempio(5). Nella parte sacra si trova
l'altare per l'incenso in legno.La sala più interna e os
cura fa ricordare il mistero del Signore che è luce (6).I
cherubini introducevano i fedeli al sacro e li presenta
vano a Dio. Però il significato di questi angeli è più ric
co di quello esistente altrove e se ne ha conferma dal
monoteismo della fede mosaica. Inoltre sono viventi.-
E' questa una rivelazione degli eletti d'Israele. Essen -
doci tali esseri anche nelle figurazioni pagane di Babi
bilonia, Ezechiele dovrà necessariamente soffermarsi
ad una caratterizzazione precisa.Coinvolge varie componenti teologiche relative a Dio,agli angeli e all'uo -
mo.Manifesta allo stesso tempo la volontà di definire
ogni cosa ampiamente Nei salmi,gli uomini sono a vol
te paragonati agli spiriti celesti; e quindi si può intuire
che le specificazioni intorno ai cherubini coinvolgono
una rappresentazione del soprannaturale e perciò u
na vera e propria teologia.   -
5- Peache's Commentary On The Bible-Nelson-Londra
1962,p.587 .   -
6-J.Dheilly – Dictionnaire Biblique – Desclée - Tournai
1964,p.1158 .   -

Come santuario,l'edificio dovrà avere qualità che ne
manifestino la perfezione.Una religiosità autentica e-
ra stata preparata dal sapiente atteggiamento di Salo
mone;ora le considerazioni sono più articolate,si sottolinea l'attributo della santità.I sentimenti in Ezechie
le riflettono un periodo tormentato e preludono a tut
te le visioni di tipo apocalittico.   -
    Si vuole instaurare l'indipendenza del sacro dal pro
fano,e a tale scopo servono i vari reparti ideati come
prolungamento delle strutture salomoniche; il termi -
ne tempio,nella sua etimologia,significa casa del san
tuario. Perciò mette in luce sia santità che permanenza del divino(7).Davanti all'arca nella sua sede stabile
e già prima nel deserto ci si recava per essere alla pre
senza di Jahvé,cioè presso il luogo in cui dimorava.Col
salmo 47 si ricorda l'appellativo Elyion (l'Altissimo) co
me attributo di Jahvé. El-Elyion è anche invocato dai
popoli preesistenti nella regione occupata per il Crea
tore guerriero.Scopo della monarchia sarà pure quello di garantire l'unità della nazione, permettere e pro
muovere il culto,avendo Davide lo spirito di Jahvé. La
tutela si constata concretamente nei momenti dram-
matici degli scontri coi nemici. La Palestina per la sua
posizione fa passare da un polo di un continente a qu
7-E.Beaucamp -La Bible Et Le Sens Religieux De l'U-
nivers-Du Cerf-Parigi 1959,p.33.   -

ello di un altro.Dopo i filistei intervengono gli assiri.Sa
rà con Isaia,quindi con Ezechia e Manasse,che il domi
nio assiro porterà tra gli israeliti i suoi culti.   -
   La decadendenza è segnalta dalla distruzione di Nini
ve.Segue poi la contesa tra egiziani e babilonesi per la
egemonia. Una sommossa contro questi ultimi provocherà la distruzione del tempio. Nel Levitico,l'arca o -
meglio il kapporet che la copriva è strumento che opera in virtù del sangue ivi sparso per la remissione delle colpe.Dai regolamenti giuridici di tale libro si procede nella riforma di Ezechiele ad un approfondimento
della dimensione spirituale.Con sangue è consacrato -
l'altare,e i sacerdoti offriranno su di esso gli olocausti
e sacrifici pacifici. In altri termini i sacrifici del popolo
diventano l'olocausto e l'oblazione.   -

Le idee circa il divino.
Principali atti di culto sono la preghiera,offerte e sacri
fici. Però, il Dio d'Israele è trascendente,gli dèi babilo-
nesi(8)non sono che una trasposizione sublimata del-
l'essenza umana.Hanno solo maggiore potere e scien
za rispetto agli uomini.Per conseguenza diverso è l'atteggiamento nei confronti della divinità.A Babilonia ci
si rivolge agli dèi per ottenere i favori ed evitare le col
8-J.Oates-Babilonia-p.107.   -

lere.Per Israele ivece non basta una manifestazione -
esteriore come la presentazione di doni; ci devono es
sere disposizioni dell'animo rispettose dei valori spiri
tuali della giustizia e delle altre virtù.Dai proverbi,mas
massime attribute a Salomone,si può dedurre che per
gli israeliti la grandezza di un re consiste nel discerne-
re con sapienza il bene; egli è un illuminato che stabili
sce il diritto.Anche il codice Hammurapi prescrive che
il forte non opprima il debole. E' il più lungo componi
mento che riporta consuetudini, innovazioni radicali
ed emendamenti(9).Propone in effetti un complesso
di norme che saranno modificate in epoche successi-
ve.Vale la legge del taglione e si concedono privilegi.-
La pena di morte può essere inflitta e questo compor
terà cambiamenti in seguito .   -

   Si deve notare che a Gerusalemme non si attribuisce
un'origine celeste al tempio,non esiste cioè un mito -
con risonanza cosmogonica come accade nelle leggen
gende dei Sumeri e dei Babilonesi. Davide concepisce
l'idea del tempio ed è lui che stabilisce dove deve sor
gere. Salomone porterà a termine il disegno ,il dono -
di accordare la presenza deriva però dall'alto: né Davi
de,né Salomone, né rito,né profeta possono imporre
9- Supplements To Vetus Testamentum - Volume Du
Congress-J.Brill-Leiden,p.48.   -

una santificazione automatica. Dio è sovrano e conce
de grazia(10).In sintesi possiamo dire che due sono le
convinzioni dominanti, quella della trascendenza e qu
ella della storia. In particolare ciò è implicito nel dis -
corso sul tempio.   -
Ad occidente è il Santo dei Santi. Questo non accade
per costruzioni votate a Marduk ed in generale per
analoghi edifici.Per quanto riguarda la creazione, Eusebio afferma che con gli ebrei si ha realmente un -
giudizio razionale e applicazione pia allo studio della
natura dell'universo: -

<...e così che essi videro che gli elementi primi
dei corpi,terra, acqua,aria, fuoco,
di cui essi compresero era composto l'universo,
non erano più che sole, luna e astri,dèi;
ma opere di un Dio(11)>.

Per i ministri vale quanto segue:Melchisedek è re
prete in Israele.Si ha quindi distanza dalle usanze babi
lonesi ed egiziane. L'unto d'Israele è dotato dello spiri
to del Signore,questo gli conferisce una forza (ma la -
persona non può essere mai divinizzata); il suo ufficio
10-Y.Congar - Le Mistère Du Temple - Du Cerf Ed. -
Parigi1958,p.68 .   -
11-Eusebio –La Prèparation Evangèlique-Du Cerf Ed.-
Parigi 1975,p.159.   -

consiste nel creare condizioni favorevoli al culto.Deve inoltre custodire con aiuto pratico il santuario(12). Un sacerdote israelita è partecipe della santità e solo a - lui competono le offerte dell'incenso, le oblazioni, le aspersioni con il sangue.A lui e solo a lui spetta il sacri ficio. Nella riforma di Ezechiele le misure del tempio forniranno rapporti simili a quelli che si riscontrano in **Egitto**(p.129)ed in Grecia.   -

Secondo tempio

Ciro dopo la vittoria sui babilonesi emette il famoso editto e nel 537 Zorobabele guiderà insieme a Giosuè il ritorno in patria. Con abile mossa politica i Per siani restituiscono gli utensili preziosi che Nabucodo nosor aveva trafugato in precedenza. C'è forse l'influ enza della religione di Zoroastro (1).Passeranno anni prima che il santuario possa essere ricostruito con gli incoraggiamenti dei profeti Aggeo e Zaccaria.   -

Esso non supera la sontuosità e la bellezza del primo. La cura dei fedeli è rivolta al ripristino delle funzioni del tempio che concretamente hanno come segno

12-J.Coppens et al. -Sacra Pagina-Congressus Internationalis Catholici De Re Biblica-Ed. Duculot-Gembloux 1959,p.536 .   -

1-F.Pierini – Le Religioni Dell'Antichità-Cfr.Guida Alle Religioni-Ed.Paoline-Roma 1985,p.51 .   -

l'uso (2) dell'altare d'oro per l'incenso, del tavolo dei
pani dell'offerta e del candelabro. Un'esplicitazione -
dei motivi teologici coinvolti da queste suppellettili si
ha in Filone.Egli afferma che vogliono simboleggiare -
la lode al Creatore (3). Nessuna componente dell'uni
verso può essere accusata di ingratitudine: il candela
bro racchiude l'azione di grazie per tutto quello che si
osserva in cielo e si riferisce al soprannaturale,la tavo
la non è che la lode dei lavoratori,infine col rimanen-
te elemento si ha azione di grazie per quanto è dono
gratuito.Essi saranno disposti al modo seguente: nel -
centro del santo c'è l'altare,alla sua destra il candela
bro ed a sinistra si porranno le offerte.Quando Pom-
peo entra in Gerusalemme nel 63 d.C.,la parte fronta
le del tempio è ornata con corone d'oro.L'aquila a qu
este vicina sarà eliminata da un ebreo;il vestibolo vie
ne designato col nome di bit hilani,costruzione tipica
con colonne.Lo stesso termine passerà a designare in
teri edifici con portico di cui il primo esemplare è da -
to da Alalakh (4). Tra gli accessori c'è spesso il monte
degli ulivi con scopo didattico.Secondo la tradizione il
sacerdote guardava l'ingresso del tempio da una zona
2-T.Reinach-Antiquités Judaiques.Leroux-Paris 1912. -
3-Giuseppe Flavio-Antichità Giudaiche.   -
4-Kempiski-Siria,p.67.   -

sopraelevata ad est quando s'immolavano vittime. La
nuova costruzione ,secondo Ecateo di Abdera era cir-
condata da muri e si trovava accanto all'altare di pietra della stessa altezza di quello di Salomone.La coreo
grafia,gli aspetti ieratici,dinamismo all'interno e auste
rità si possono ammirare negli scritti del Pseudo Aris
teo.Anche i salmi danno indicazioni sulla liturgia.A Ge
rusalemme i lavori diretti da Zorobabele furono accol
ti entusiasticamente e si ebbe l'inaugurazione quan -
do regnava Dario. Momenti calamitosi posteriori cul -
minano nella profanazione di Antioco Epifane (5). Sa
rà Erode a controllare la città dopo la vittoria di Pom
peo.Circa mille anni dopo i modesti inizi un israelita -
manifesta quale fosse l'incidenza del sacro: -
"Benedetto colui che vide lo splendore della bellezza
(del tempio),della sua grandezza e tutti gli atti della -
sua potenza e della sua forza. **Fortunato** colui che spe
ra e cerca di vederlo. Possa tu volere che il tempio sia
presto ricostruito oggi, perché i nostri occhi possano
contemplare e il nostro cuore gioire(6)".   -
 Ritornano alla mente le parole di Aggeo che esortano
Zorobabele e,tra l'altro,il carattere saldo della fede in
5-M. Strassfeld – The Jewish Holidays -Harper & Row
Publ.- New York-1985,p.162 .
6-J.Gutman - The Temple Of Solomon - Scholar Press
 Missoula 1976,p.70s .   -

Israele(7).La guida sarà l'ulivo che,insieme a Giosuè ,-
sarà raffigurato vicino al candelabro le cui sette luce_r
ne rappresentano gli occhi del Signore che scrutano -
tutta la Terra. Doveva infatti assistere quel Dominat_o
re che col suo spirito avrebbe riportato la pace nel l_u
ogo santo(8).   -

 Erode ,che voleva pace ove governava, volle apport_a
re modifiche al tempio ed al circondario;esso[consid_e
rato sempre come 2° tempio con abbellimento(F.Sp_a
dafora- Dizionario Bilbico,p.587)] è la più gigantesca -
delle sue opere molteplici (9).   -

            I vangeli riportano l'impressione suscitata -
dalla mole degli enormi blocchi di pietra .Un govern_a
tore non può ignorare che al tempio ci si raduna per
il sacrificio. Ci sono dimensioni ben definite del piazz_a
le dove sorge il santuario in rapporto ad una geom_e
tria specifica. Al di fuori dell'area destinata all'ufficio
dei sacerdoti si trova una parte più esterna per gli u_o
mini.Le donne possono assistere allo svolgimento dei
riti da più lontano. I gentili frequentano il resto della
7-D.Gottlieb- il Giudaismo: Cfr. Guida Alle Religioni-
Ed.Paoline-Roma 1985,p.239 .   -
8-A.Cotterel- Civiltà Antiche - Editori Riuniti - Roma
1981, p.139 .   -
9-A.Parrot-Le temple De Jerusalem-Niestlé-Neuchatel
1954 .   -

piazza.Belli sono i portici che si appoggiano ai quattro muri perimetrali.Due sono vere e proprie gallerie con colonne alte 12.5m.A sud non si hanno due file di co colonne ma quattro.Quello orientale prende nome da Salomone,ed è da tale lato che attraversando la porta Susa ci si poteva dirigere verso Betania. L'inizio dell'era cristiana vedrà sempre nel tempio un punto vivo di riferimento. In Eusebio abbiamo metafore riguardanti il vescovo Paolino di Tiro (4° sec.) noto specialmente - per le costruzioni e i restauri(10). Le espressioni sono sì permeate dalle leggi della retorica,ma lasciano balzare agli occhi la magnificenza sempre straordinaria del tempio (11).Siamo già in tempi in cui la chiesa viene additata come nuovo tempio di Salomone seguendo l'insegnamento evangelico.Del tempio di Erode,distrutto da Tito nel 70 d.C.non rimane che il muro detto del pianto.Nel 1948,quando fu costituito lo stato d'Israele,fu proibito di recarvisi perché apparteneva alla - Giordania.L'ostacolo sarà tolto in seguito alla guerra - dei sei giorni(1967).Un movimento sionista si era for - mato nel 1897 per fondare lo stato.In epoca successive sarà ancora alla ribalta il problema degli ebrei -
10-J.Gutman-The Temple,p.22 .   -
11-W.Corswant- Dic. D'Archeologie Bibl. -Delacaux-Ni estlé-Neuchatel 1956,p.290 .   -

sparsi in varie parti del mondo. In particolare si ricorda l'attentato di Parigi del 1980 che scosse l'opinione
pubblica. Ora le nuove case di Gerusalemme si distin-
guono per i toni delicati. La città santa è sacra per tre
popoli.Echeggiano richiami dei ministri di culto musul
mani,ebrei e cristiani.Dalla sommità dell'Ofel, a 150
m. sulla valle del fiume Cedron scavata ad est, la sen-
tinella annunciava che si era all'alba. Con la pena di -
morte si impediva ai pagani di varcare la soglia del -
tempio.   -

Considerazioni sulla prima parte.
Sono state passate in rassegna,in successione crono -
logica, le fasi relative alla restaurazione di Ezechiele -
che ha il pregio di voler ricostituire il sacro nella sua -
integralità in luoghi in cui era più difficile vincere l'ido
latria.Era perciò necessario guardare ad epoche prece
denti con paragrafi che concorrono a chiarire i proble
mi.Le colonne poste per abbellimento,suppellettili co
me il candelabro ed altri oggetti usati durante i riti ar
ricchiscono la preziosa eredità del popolo eletto sia -
dal punto di vista materiale che da quello simbolico.
Tutti i disegni sono stati fatti appositamente per una
prospezione più accurata sui dati. Essi rappresentano
contenuti reali tratti dalle fonti interpretate in modo
critico oggettivo. Globalmente preludono ad ulteriori

ricerche sia sulla sapienza d'Israele, così come è auspi
cato dalle linee direttrici di Von Rad, sia sui processi -
di quantificazione allora conosciuti(12). In appendice
mostriamo elementi di una tabella tratta dall'aritmeti
ca dei faraoni che in realtà risulta essere uno schema
riguardante la luna(13).Se poi si guarda in prospettiva
del futuro basta osservare che lo schema di Ezechiele del tempio,al cui interno c'è ancora traccia di quel
lo di Salomone in posizione definita,costuisce una evo
luzione strutturale che geometricamente si adatta al
le connessioni interstellari mostrate in Fig.15 (p.115)
ricavate da una fotografia(14)della NASA nei pressi di
una regione spaziale che include otto galassie,tra cui
la galassia Andromeda ,ed ammassi globulari.   -
Se si pensa alla storia del tempio si ricava che esso de
riva da contributi di uomini espertissimi.Non sorprende che la perizia umana adotti una forma che badi al
la funzionalità rispettando quanto un tempio richiede
per la celebrazione e le norme architettoniche.Sono e
12-P.Vanderberg-La Maledizione Dei Faraoni-SugarCo
-Milano 1985, p.260.   -
13-Richard J.Gillings-Mathematics In The Time Of The
Pharaohs -Dover Publications Inc. 1982, p.13. Original
ly published at the MIT Press –Cambridge.   -
14-Settimanale <SPAZIO> - Hobby & Work Publishing-
Milano(Italy)n.23 (2013);p.272 , p.273.   -

mersi svariati risultati.Tutto ciò che riguarda il tempio
è stato innestato in senso cristiano in un quadro teo -
logico e teleologico insieme. Questo santuario, come
unità dinamicamente strutturata comporta una proie
zione verso il futuro Esaminarla con la geometria conta relativamente.In realtà la dimora di Jahvé rispet -
ta quelle condizioni che formano l'incanto dell'ambi -
ente.Può manifestare il concetto dell'alleanza. Invero
è segno di ossequio e di lode per il Creatore.   -

Davide e il Dio di Abramo.

Dopo la convocazione degli israeliti l'arca viene porta
ta da Kiriat Iearim (1Cr 13.5) alla casa di Obed Edom.-
Ivi rimane qualche mese. Durante il traporto muore
Uzza,uno dei guidatori. Dove si dovrà trovare il luogo
santo viene stabilito in base ad una teofania: apparso
un angelo,Davide compra l'aia di Araunà .Un re potrà
così offrire al Signore olocausti graditi e scongiurare il
pericolo della peste(2Sm 22.24).In Ezechiele un luogo
santo è designato con miqdas (1) ,ma non si tratta di -
un edificio. Davide vorrà preparare varie suppellettili
in anticipo per abbellire la sede di Jahvé. Nella preghi
era della dedicazione del tempio si possono cogliere
gli elementi caratteristici della religione israelitica.   -
Dio è santo e ci si rivolge a Lui perché ascolta l'invoca
zione,la supplica e l'azione di grazie. Non si può raffi-
gurare con immagini, essendo ciò vietato dalla legge
mosaica.Non sarà possibile avere rappresentazioni an
tropomorfe come accadeva per altri culti.   -
Famosa è l'asherah,simbolo di una divinità femminile
di cui si trovano esemplari in legno nelle località popo
late da Baal. Per gli israeliti è Jahvé che per suo imper
1-De Vaux-Le Istituzioni,p.284 .   -

scrutabile consiglio prende l'iniziativa in una dinamica
(=economia)per salvare l'uomo,e l'ambito storico con
sente di parlare di un'economia salvifica. Come si vedrà più oltre,il dialogo tra l'uomo e Dio si apre con u-
na alleanza rinnovata con una confessione di fede. -
L'estirpazione dell'idolatria è imposta dalla santità di
Dio.Si può pensare al santuario come ad una casa: qu
esta è un'idea abbastanza comune tra i popoli (2) di -
quell'epoca.Così se gli israeliti parleranno di ekal (come parte dell'interno di esso)tale termine esiste pure
nella lingua accadica.Al tempio si svolgeranno in parti
colare i sacrifici di espiazione e i riti di propiziazione. -
Culto pagano è diffuso in tutta l'area palestinse:si trova ad Ebron e a Dan. Per quanto riguarda la struttura
degli edifici di culto,essa è abbastanza varia.Si può su
bito dire che il santuario salomonico non s'identifica
con una ziggurat. In genere in varie località,ed anche
per queste costruzioni mesopotamiche si vede un re -
cinto entro cui sono rinchiusi lo spazio sacro e l'edificio ove dimora o si reca il dio.I monumenti trovati ad
Uruk rappresentano le testimonianze più antiche(3) a
noi note.Nei confronti tra Egitto e Arabia si rilevano -
somiglianze solo al 3000 a.C.(come afferma De Vaux),
e perciò bisogna studiare di più il sistema delle torri. -
2-De Vaux-Le Istituzioni-p.285 .   -
3-Parrot-Archeologia-p.83 .   -

I luoghi sacri

Nel pentateuco e nella tradizione biblica posteriore è continuo il ricordo delle terre visitate dai patriarchi. In ogni scritto, poi, si deve cercare se è presente quel filo ermeneutico che è il disegno salvifico.   -

Dopo un primo cenno che si voglia fare di Noè,il giusto che non incorre nell'ira di Dio prima del diluvio e che vede il segno di un patto col Dio dei cieli, si tro va la fede di Abramo. Fiducioso nell'Onnipotente si di rige verso la terra promessa lasciando Ur. I luoghi in - cui si è trovato,Sichem,Ebron,Mamre, sono stati sedi di molteplici manifestazioni divine visibilmente indica te dagli altari di volta in volta edificati perché fosse in vocato il nome del Signore.   -

Altari e santuario di Sichem

I patriarchi avevano potuto render culto al Dio che si era loro rivelato ancor prima che ci fosse Silo. Con le - vicissitudini di Abramo s'incontreranno subito i due al tari da lui posti a Sichem e poi in una località compre sa tra Betel ed Ai(Gn 13.14). L'area cananea era domi nata da pagani ed è spaziosa in rapporto alla densità della popolazione(Gn 34.21).In Sichem c'erano infatti luoghi religiosi(Gn12.6).Prima di acquistare i campi di Sichem, ove pose un altare che chiamò El (Dio d'Israe le),Giacobbe aveva costruito a Succot (Gn. 33.20) una casa. Ciò si verificò dopo la riconciliazione con Esaù, e quindi già c'era stata la fondazione di Betel. Di Si - chem e del suo tempio si riparlerà con Giosuè. La tra dizione antica mostra che con Aronne sorge la neces sità di specificare le disposizioni indispensabili per ac cedere(4)sino all'altare. Nel Deuteronomio, più preci- samente con Giosuè, si può ricavare che l'uso degli al tari c'era sull'Ebal,lì dove si leggevano le benedizioni; luogo non lontano da Sichem,che si trova tra questo monte(Ebal) ed il Garizim.D'altra parte c'è l'ordine di leggere durante le feste, il che assicura il ripetersi dei riti.   -

Betel

Al tempo di Giacobbe le divinità pagane si trovano an cora in Sichem e il patriarca si reca in un luogo con maggiore altitudine (Gn 35.1). E' in questa occasione che vengono sotterrati sotto la quercia tutti gli dèi - stranieri ed i pendenti(Gn35.4). A Betel(=Luz)viene sis temato un altare israelita ed al luogo si dà il nome di El-Betel(Gn 35.8).In seguito Giacobbe si allontana dal la zona dell'accampamento di Betel per trovarsi nei pressi di Efrata(Betlemme).A Mamre(Kirath Arba)lo attende il padre Isacco nel luogo in cui già Abramo a 4-Origene-Omelie-p.204 .   -

veva acquistato il diritto per i pascoli e di stabilirsi -
con un altare(Gn 13.18).Macpela,occupata dagli ittiti,
è a oriente rispetto a Mamre (Gn 23.17).Famosa è an
che la zona di Bersabea. In essa Isacco dopo un accor
do con i filistei scava un pozzo e può riposarsi.La città
odierna trae il nome dal pozzo(Sibea)(Gn. 26.33)a cau
sa del patto.   -

Bamoth e culto.
Da Ur dei caldei si allontana Abramo, ma la regione
dei babilonesi è connessa alle vicende dolorose del -
tempio fino alla sua distruzione.Sarà quindi utile preci
cisare varie caratteristiche della Mesopotamia,anche
per quanto riguarda il culto. A Babilonia si crede in nu
merose divinità. La concezione religiosa fa uso di im
magini come segno della presenza del divino. Inoltre
si nota il ricorso ad uno sfondo cosmico. In un recinto
sacro è incluso un complesso comprendente il tempi
o. Questa è l'idea che ispirano le ziggurat,ancora mis -
teriose per certi versi. Rivelano però il concetto del -
dio che va incontro agli uomini in un santuario che è
prossimo alla dimora celeste. La considerazione di U -
ruk fornirà uno dei motivi chiave dell'ampio sviluppo
degli edifici sacri mesopotamici.Si deve ancora scoprire quanto si vuole rivelare o rappresentare anche at -
traverso le incisioni e l'arte figurativa.Nel disegno geo

metrico un'idea può essere sintetizzata nelle linee: con parametri estratti da una ziggurat ad Uruk si può controllare opportunamente il rilevamento di 13° utilizzato in astronomia.   -

L'idea che più ci interessa nel contesto religioso è quello del Dio che assiste.E'una nozione condivisa dagli ebrei ed emergerà in modo più consapevole nel periodo apocalittico. In sostanza si puo affermare che nei dati cosmologici, negli attributi dei rispettivi enti supremi(5),nell'elaborazione di tutto ciò che riguardava le stagioni ed astri, già 4000 anni a.C. era delineata la credenza in un dio che si rivolge agli uomini.   -

Culto idolatrico.
Bamah è un termine accadico (6) che in vari contesti vuol dire crinale.Con senso figurato si applica per indicare un dorso. In realtà le bamoth sono diffuse anche in luoghi pianeggianti.Si trovano in esse stele ed asheroth.L'altura più importante in Palestina è Gabaon.La fondazione di luoghi santi ove s'invoca il nome del Signore avviene necessariamente in località già sacre per i popoli ivi insediati. Un rituale è insito nelle parole di Giacobbe: parla di decima. Si delinea quindi un raggruppamento di zone in cui il sincretismo è uno -
5-Oates-Babilonia-p.143.
6-De Vaux-Le Istituzioni-p.285.

dei tratti salienti. Esso è già presente a Mamre. Ivi si
svolgeva un mercato e il modo di designare la regio
ne nella Bibbia,secondo De Vaux, mostra l'intento del
l'autore di dare scarsa importanza ad un centro non -
controllato dal punto di vista istituzionale. Durante la
storia si vede un'evoluzione semantica della parola
bamah:assumerà un colore negativo.   -

Osservazioni

In questo capitolo si è seguita la fondazione dei primi
santuari israelitici.Avendo come elemento di confron
to le altre comunità di quel tempo vien posta in risal
to la necessità di guardare con grande attenzione ai -
monumenti babilonesi e specialmente alla ziggurat di
Uruk, avendo essa una forma semplice(ad un piano) -
rispetto alle torri simili di epoca succesiva. Mentre da
un punto di vista strettamente teologico si fa strada
quel concetto del dio che si rivolge all'uomo, e ciò è
già chiaro con gli edifici babilonesi, allo stesso tempo
viene specificata una possibile funzione cosmica per
tali complessi(p.123). L'elenco dei luoghi sacri mostra
solo fenomeni storici:si tiene costantemente d'occhio
l'affermarsi del culto israelitico dove già esistevano -
altre religioni. Patto con Jahvé e segno dell'altare rac
chiudono l'idea di rivelazione ebraica, riguardano inoltre la teologia del tempio.I comandamenti,con l'es-

cludere l'antropomorfismo,danno un altro scossone -
ai numerosi miti; sono una premessa a quanto è pro
posto dalla nuova alleanza.   -

Teologia del tempio.
Vogliamo ora vedere il significato insito nelle vicende
del tempio. A prima vista infatti potrebbe sorprende
re una devozione che permane nonostante la scissio
ne del regno dopo Salomone e persino con la sua dis-
truzione.   -
1)Concetto di presenza-alleanza
La storia del popolo è un continuo appello al trascendente che s'intreccia con episodi umani.   -
Al culto di Jahvé,presente con la tenda nel deserto e
poi nel tempio monarchico,si associano elementi con
creti che arricchiscono la storia salvifica: il dono dello
spirito di Jahvé e quello della libertà umana. Quando
c'è fallimento delle iniziative sulla terra,esso viene a -
volte visto come una punizione per la trasgressione di
disposizioni divine. Ciò si verifica in particolare nella
storia del tempio.   -

Un approfondimento del concetto di presenza si
ha gradualmente perché si carica di quella spirituali
tà che riconosce la trascendenza. E'così che nel tem
pio si celebra il Signore ed il suo Nome. La Terra ospi

ta il trono di Jahvé, ma l'intera Gerusalemme non può contenere il Dio dei cieli.

La finitudine (7), opposta al trascendente, si apre al discorso della pienezza escatologica e della fedeltà di Jahvé. La berith è un patto con obblighi giuridici (8) garantiti da quella realtà che è la santità di Dio,ed alleanza è un'economia di grazia e di pace suggellata col sangue.Segno dell'alleanza e fonte di unità è il santuario.Se i profeti criticano la visione distorta che il popolo poteva avere del divino,è sintomo della necessità d'ispirare ad un sano realismo ogni atto di culto. Dio si mostra benevolo, ma in sé cela una totalità che rimane oscura per l'uomo.La causa del buio del Santo dei Santi si legge in quest'idea. D'altra parte la santità di Dio richiede cautela per potersi degnamente accostare al propiziatorio.Dopo sacrifici specifici si potrà accedere nel Debir per implorare il Signore,e vi si portaranno il turibolo e l'incenso (9).

7-G.Giannini-Ateismo E Speranza-Città Nuova-Roma - 1973,p.18.

8-B.Gherardini - La Chiesa, Oggi E Sempre - Ed.Ares - 1974, p.34.

9-Origene-Omelie-p.225 .

2)**Popolo eletto**

Con la venuta di Davide, Gerusalemme viene celebra
ta soprattutto perché luogo privilegiato dell'arca.Si ri
conosce ciò come segno della grazia accordata al po -
polo. L'importanza del tempio si comprende di più do
po l'esilio,dato che si passa a ricostruirlo. Si rafforza il
senso di protezione con Ezechia, perché la salvezza a
lui arrecata è opera di Jahvé.Dopo le varie distruzioni
del tempio è chiaro che questa casa di Dio non è tan
to il luogo dove egli abita, quanto quello in cui si ha u
na sua manifestazione.L'elezione degli israeliti ha inizi
o col patto. Dire popolo significa parlare di gente con-
vocata per virtù di Dio;non per una filosofia od ideolo
gia che possano essere sottese a una comune civitas.
La grazia si rivela nell'alleanza e nell'elezione.   -
Implicitamente essa si trova espressa in quei termini
(10)dell'AnticoTestamento che sono esed[fedeltà del
l'alleanza, misericordia, benevolenza (Salmo 33.22) ,
amore costante] , hen (preghiera di propiziazione),
emet (fedeltà) , rahamin [(pietà compassionevole); è
fondata sul fatto che l'uomo è creato con una immagi
ne spirituale].Dire alleanza significa ampliare la nozione di popolo: c'è insita una comunione trasfigurante
(zikkaron).Segno visibile ne è il regno di sacerdoti. Nel
10-I.Sanna - L'Uomo Via Fondamentale Della Chiesa-
Ed. Dehoniane-Napoli 1985,p.230 .   -

l'alleanza c'è la fase iniziale; ma il tutto è preparazio
ne, è tensione tra ciò che è già e quanto non è anco
ra. Foedus è in realtà un patto misericordioso (11), si
rinnova col rito del kapporet; e l'aspersione che si co
mincia ad oriente,secondo i Padri parla della venuta
del Sole di giustizia(Ml 3.19). Jahvé ama il suo popolo
in cui vuole la figura di sposa immacolata.   -

           L'ephod che Davide indossa è segno di benes
sere che deriva dalla divina elezione; non deve però -
degenerare in un segno esteriore che trasporti nell'i
dolatria. Col sacerdozio l'elezione raggiunge un verti
ce che si può scoprire nelle rivelazioni della lettera a
gli ebrei e dell'apocalisse. Si ha in esse un compendi
o della teologia del tempio. L'elezione non comporta
solo una speciale protezione di Jahvé per un popolo
che deve difendersi dalle insidie delle nazioni,ma una
speranza che si trova sia nella prospettiva degli esca
ta, sia nel poter fruire dei beni della città terrena. La
presenza e la fedeltà di Jahvé implicano che la salvez
za è già iniziata ma non è ancora realizzata in modo
completo. Questo concetto verrà ripreso nei tempi a
postolici e dai primi Padri della Chiesa. Che l'alleanza
debba seguire la norma dello spirito sarà maggior -
mente chiaro quando si parlerà del resto d'Israele, e
11-B.Gherardini-L'UomoVia Fondamentale Della Chie
sa,p.33 .   -

quindi del giudizio insito nell'appello di Jahvé (12). Si
deve escludere a priori ogni allusione ad un naziona
lismo così come sembrava esserci al tempo di Davi
de, di un'alleanza relativa ad un regno terreno. Dio -
dell'alleanza è il Dio di Abramo, patriarca che vive
nello spirito di quel patto stipulato con Noè e ancor -
prima nella creazione. Anche nelle espressioni liturgi
che si nota la caratteristica del culto in spirito: nei sa
crifici non conta l'aspetto materiale che potrebbe es
sere vuoto formalismo. Mentre Abramo offre fior di
farina,ciò non accade con Lot che pure poteva dispor
ne. Esiste allora un cammino nella varietà dei doni -
spirituali. Un sacrificio è misurato dalla dimensione in
teriore (13). I Padri hanno interpretato in senso misti
co anche le offerte pacifiche come l'incenso, l'onice,
lo storace e il galbano usati nei sacrifici ogni giorno
per l'altare.Perfino le vesti che indossava il sommo sa
cerdote come espressione delle molteplici virtù di cui
deve adornarsi l'anima per poter essere in dialogo col
Dio supremo (14). Qui c'è quel concetto di rivelazione
12-D.Mollat – Principi D'Interpretazione Dell'Apocalis
se (L'Apocalisse – Studi Biblici Pastorali , 2 ,Paideia -
Brescia -1967,p.9.   -
F.J.Nocke-Escatologia-Queriniana-Brescia 1984.   -
 13-Origene-Omelie,p.273.   -
14-Origene,p.224 .   -

che ha bisogno di un mediatore; ci si prepara così al
la prospettiva cristologica dell'attesa dello Spirito pro
messo.La salvezza annunciata non è qualcosa che può
essere dono esclusivo. L'alleanza stabilisce che Israele
ha un ruolo tra le nazioni che non si può confondere
con quanto richiesto dal messianismo giudaico.   -
  Del resto anche con Tobia si svela il disegno di porta
re la salvezza e lo splendore della gloria di Jahvé a tut
ti i popoli. La funzione salvifica è una delle categorie
ermeneutiche capaci di guidare per una retta inter
pretazione della storia degli Israeliti, e permette di e
vitare,abbinata ad una sana antropologia, gli aspetti
negativi delle correnti apocalittiche.L'elezione d'Israe
le vuole ricordare agli uomini la dignità derivante dal
la partecipazione alla santità (15) di Dio.   -
Si esclude così ogni teoria relativa ad un destino che
condizionerebbe lo svolgersi della storia.Esaltare le o
pere di Dio non vuol dire porre in atto un tentativo di
coartazione delle coscienze,ma ha lo scopo d'introdur
re a quel mistero di salvezza per il quale l'uomo si mu
ove nella sua dimensione più autentica. Se l'alleanza,
dalla visione teocratica di Sion,si perfeziona nella pro
clamazione della sovranità di Dio,non si stabilisce in
alcun modo una contrapposizione tra la libertà dell'u
15-L.Ravetti-La Santità Nella Lumen Gentium-Libreria
Editrice Pontificia Università Lateranense-Roma 1980

omo ed un ente fittizio. Così pure l'etica non sarà una convenzione solo ragionevole. E' promessa per ottere nere un dono gratuito ineffabile che è presenza vera di un potenziamento (ontologico) nell'uomo nell'eco nomia dello spirito.   -

Tempio

La descrizione del santuario,degli accessori e dei pre parativi accurati di Davide si trovano in alcune varian ti nei libri di Samuele,nei libri dei Re e nelle Cronache. Nelle diverse narrazioni si rileva quanto sia importan te per il popolo israelitico l'istituzione del tempio cui il re fornisce elementi materiali ed umani. In ultima a nalisi però, è attraverso l'opera dei profeti,custodi del la parola e della pratica osservanza degli statuti divi ni,che l'alleanza con Jahvé e le sue clausole riescono a dirigere il comportamento morale del popolo e del la nazione.Pure la Mishna parla del tempio modifica - to da da Erode.Benché i principali lavori durarono no ve anni e mezzo, fu sempre considerato come secon- do tempio abbellito (F.Spadafora- Dizionario Biblico, p.587).   -
Quello Iniziato al quarto anno del regno di Salomone fu portato al termine(16) in sette anni. Per esso si rile
16-Tempio 33x11;Tenda esodale 33x110 .   -

va un sistema costruttivo volto ad assicurarne la stabi
lità e sicurezza:si osserva l'uso congiunto di legno e di
pietra al fine di garantire maggiore elasticità.   -
Tutt'intorno ,tranne che nella parte frontale,si ha un
triplice strato che è quella parte denominata yasia(fi
anco o costola) dotata di botole e di scale a chioccio
la quasi sicuramente(17). Porre i cherubini nei pressi
dell'arca (essi ornano le pareti del santuario) fa parte
di una simbologia che riflette la virtù e le operazioni
di tali esseri.In essi è deposta la sapienza divina,e fa -
cendo parte di una gerarchia danno esempio di adesi
one alla somiglianza di Dio posta in atto attraverso la
sua imitazione(18).   -
  Salomone non può essere coinvolto direttamente
nel culto ed affida le sacre funzioni a Zadok. Non si -
può però attribuire un significato puramente politico
alla fondazione di un culto in un luogo particolare: la
religione assume in Israele norme valide sia per il re
che per il popolo. L'uno e l'altro sono al servizio di -
Jahvé. Nei concetti di arca e di nuvola, per le quali la
gloria del Signore ha riempito di se il luogo sacro, è
implicito quello di dimora che,per gli ebrei, è denso
di significato. Come osserva la tradizione sacerdotale
17-De Vaux-Le Istituzioni-p.314 .   -
18-Ps.Dionigi l'Areopagita-Gerarchia Celeste-Teologia
Mistica-Lettere-Città Nuova Roma 1986,p.54 .   -

non ci si può fermare ad una rappresentazione che parli solo di una semplice tenda o di tempio materiale .Nei giorni cui fu eretta,una nuvola la ricoprì e fu di guida negli spostamenti(Nm 9.15).

Essendoci(19)nel tempio l'arca della testimonianza (aron ha edut),si ha un luogo di culto;lo stesso kapporet ha una funzione importante. Nelle omelie Origene parla di aspersione di sangue su di esso nel giorno del l'espiazione;rito interpretato come figura della propiziazione accordata dal sacrificio del Cristo,sacerdote capace di intercedere per gli uomini nel santuario dato dalla celeste Gerusalemme.Come vedremo, queste idee formano il culmine della teologia del tempio e so no oggetto di riflessione nell'Apocalisse e nella lette ra agli ebrei. I cherubini segnalano il trono di Jahvé, ma kapporet e arca non danno un ricettacolo capace di limitare la sua onnipotenza. La parola dei profeti e il contenuto dei salmi rendono ancora esplicito ques to tema; ed era necessario in una visione del religioso che avesse il fondamento nel Dio della rivelazione. I cherubini hanno il beneficio della più alta illuminazio ne. La stessa materia di cui sono fatti vuole suggerire la preziosità di una vicinanza a Dio, essendo ripieni di una sapienza che devono (20) trasmettere. Con ciò si
19-De Vaux-Le Istituzioni-p.298 .   -
20-Ps.Dionigi-Gerarchia Celeste-p.48 .   -

vuole mettere in risalto un dono che è la perfezione
di un'immagine spirituale(data dal Creatore). Nei cherubini non si può trovare offucamento alcuno.   -
 Alla presenza degli angeli viene suggerito il concetto
di imitazione di Dio,risultato questo di un'adesione -
indefettibile alla somiglianza di Dio in essi impressa.
Scolpire i cherubini che sono in uno dei gradi della -
gerachia angelica rafforza il concetto di ordine inteso
come vicinanza al Creatore.Utilizzare solo tale raffigu-
razione comporta sottolineare che le loro conoscenze
sono più vicine a quelle della somma Sapienza.   -
Altre figure potevano confondere le idee in un ambi -
ente che rifiuta forme di antropomorfismo. I cherubini sono anche pieni della grazia produttrice di sapien
za,e questo è importante in un dialogo che s'instaura
con i visitatori della tenda e dell'arca.   -
Tempio prima dell'esilio
Prima della distruzione del 587 a.C. avvenuta ad ope
ra di Nabucodonosor,il santuario subisce vicende che
dipendono dalla religiosità dei capi. Alla scissione del
regno si vedono già differenti attegiamenti dei sovra
ni nel campo sacro.Nell'arco di 400 anni,a partire da -
Salomone,si assiste ad un avvicendarsi di guide sagge
ed empie.La profezia di Achia,profeta di Silo, rivolta a
Geroboamo (1Re 12.15) si avvera. I sovrani designati
pii dal cronista non sono molti. Nelle riforme si distin

guono Asa,Ezechia e Giosia. Quest'ultimo si affatiche
rà di persona per abbattere cippi eretti in onore del
dio sole (2Cr 34.3) e distruggere i pali sacri che rafigu
ravano Asherah. In effetti non si limitò ad un restauro
del tempio,ma controllò i luoghi più reconditi nei din
torni delle città di Manasse,di Efraim,di Simeone,gi
ungendo fino ai limiti di Neftali. E' nelle Cronache che
si fa cenno della tecnica costruttiva in cui si usano as
si di legno per dare maggiore elasticità e sicurezza ai
fabbricati. Fu infatti utilizzata questa procedura non
solo per connessioni,ma per la travatura di edifici an-
nessi al santuario(2Cr 34.11).In precedenza Ezechia e
ra stato costretto a togliere oggetti preziosi al tempio
per pagare un tributo.La Bibbia parla di lavori al mon
te necessari per la sistemazione del tempio.Numerosi
particolari sono stati portati alla luce da scavi recenti;
per cui,parlando del simbolismo potrebbero essere
ampliate le nostre considerazioni circa l'edificio.Sorto
come dimora si troverà su un livello rialzato rispetto
all'area esterna che ha per estremo limite i portici.   -
Ezechiele riporta raddoppiata la misura iniziale 20 del
santo(Ekal) di Salomone(Ez 41.2).   -
     Era stata già vista l'empietà di Ahaz che fondeva
idoli ed immolava il proprio erede alla bamah dei figli
di Hinnom(2Cr 28.2),pur essendo discendente di Jo -
tam che aveva premura per il santuario. Non solo fa

sbarrare le porte al tempio (2Cr 28.21) ,ma a Gerusa
lemme ed altrove permette la diffusione di culti non
graditi al Dio d'Israele.Egli stesso sacrifica agli dèi di -
Damasco ,e priva il tempio e casa reale dei tesori per
farne dono all'Assiria.Un altare pagano sostituisce qu
ello dei sacrifici e viene mutata la ben nota configura
zione originariamente scelta per il mare di bronzo.A
nulla è valso quanto era accaduto ad Ozia che si era
ammalato di lebbra(2 Cr 26.9). Asa e Giosafat,re di Gi
uda vengono citati da Elia. Le riforme del primo avve-
nute tra 910 e 870a.C. hanno scopo di eliminare le ba
moth illegali idolatriche (2Cr 14.2). Parlare di Asa è si
gnificativo dato che priva del titolo di regina sua ma
dre perché aveva tenuto con sé l'effigie di Ashera -
(2Cr 15.16). Dopo di lui Giosafat sarà esaltato per la
sua pietà (2Cr 17.3). S'interessa degli ampliamenti di
strutture riservate al tempio. Nonostante ciò,la super
tizione rimane ancora viva nelle contrade della Giude
a (2Cr 18.10).In definitiva dopo Salomone si riscontra
un notevole travaglio intorno al santuario.Cambiano
i dominatori stranieri.Già con Geroboamo si vede una
prima invasione degli egiziani.Asa per le ostilità incon
trate fu costretto a chiedere aiuti alla Siria. Non man
cherà chi cercherà di usurpare il potere come accad
de col fallito tentativo di Atalia. Ancora una volta,in -
questo episodio funesto s'intravede indirettamente

la bontà che è associata al tempio: durante la vita del pontefice Ioadà, la moglie salva il proprio nipote Ioas sottraendolo a una morte sicura. La stessa vicenda di Necao che vuol muovere guerra nei pressi dell'Eufra te ed attraversare il territorio ebraico dimostra l'insta bilità della situazione. Essa è tale da provocare la mor te di un re imprudente. Scomparso Giosia,con Ioakim, figlio che gli succede , prescelto da Necao (egiziano), - sul suolo ebraico interverrà Nabucodonosor. C'è poi Ioakin che regna solo tre anni (2Re24.8); ma sarà de- portato; rimarrà prigioniero a Babilonia (2Re25.27). Si ha saccheggio al santuario. Lo zio Sedecia,con le sue risoluzioni ostili provocherà il ritorno di forze babilo nesi che faranno razzia del bronzo al tempio,degli in censieri e dei vassoi. Subentra Godolia,ma muore tra gicamente per mano di dieci ebrei.   -

Opposizioni

La critica volta dai profeti riguardante il tempio vuole più che altro sradicare la convinzione che esso signifi chi sicurezza assoluta(21). Natan fu il primo a opporsi ad una costruzione specifica (1°Cr.17.4). Con la distru zione del tempio,il prestigio passa alla città di Geru salemme: in Isaia si vedrà che di qui procede la parola 21-W.H.Shmiddt -Dizionario Biblico-Jaca Book-Milano 1981,p.312s.   -

del Signore e la giustizia emergerà da Sion (p.58). Così la prospettiva del tempio si allarga per includere una **visione cosmica**. I cristiani assumeranno il santuario come figura della Chiesa. La promessa del deutero-onomio (Dt 12,11) è che Dio farà abitare per sempre il suo Nome nel suo tempio. L'attesa messianica si fa rà particolarmente sentire dopo l'esilio e nelle tesi a pocalittiche. La storia viene posta in nuova cornice - che è quella universale (22). Si trattano qui nuovi ele menti che sfoceranno nella dottrina di s.Giovanni. In questa fase recente si può inquadrare il problema - delle relazioni con i samaritani.   -

Al tempo di Esdra che aiuta Neemia nella ricostruzio ne della città santa sorgono nuovi contrasti.Sono i sa maritani che bloccano la ricostruzione del tempio e ci vorrà un decreto di Dario perché i lavori continui - no con la guida di Zorobale (Es 4.1). E' fin troppo evi dente che il ceto che dirige il santuario vuole salva guardare la propria identità derivante dall'elezione. – La festa della dedicazione è del 515 a.C.; l'incontro di Gesù con la samaritana fa vedere in concreto un aspetto dell'ostilità che vigeva tra Gerizim e monte - Sion. Si formerà il partito dei <pii> che sono gli eredi della tradizione di Zadok.   -
22-G.Segalla - Panorama Storico Del nuovo Testamen to-Queriniana-Brescia 1984,p.75ss.   -

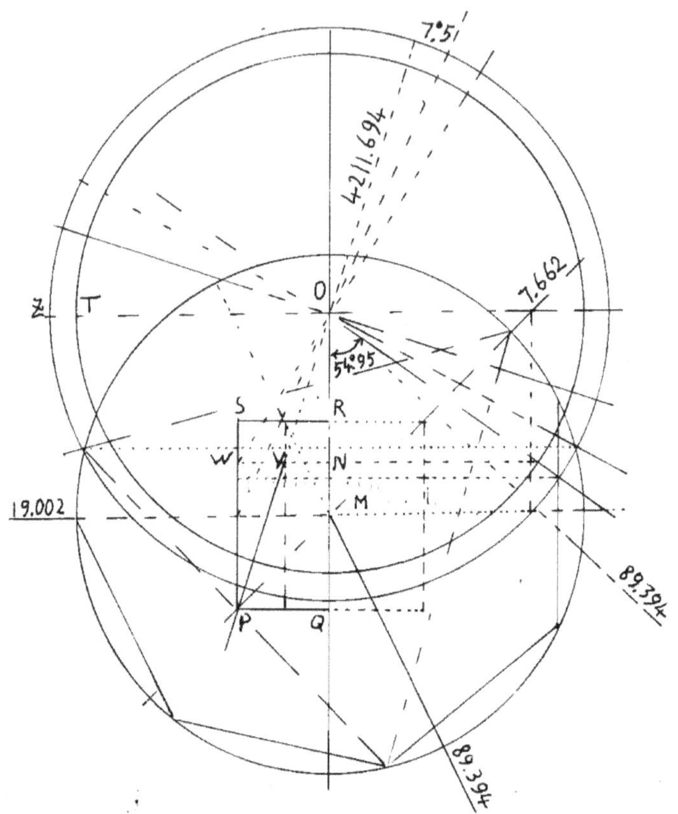

Fig.12- WN è la mediana del tempio di Salomone, rettangolo punteggiato nella metà superiore di PQRS. $W\hat{V}P=72°$. ZO=77mm. $\dfrac{30.24}{0.63}=\dfrac{360°}{7°.5}$,89.394+0.63=90.024 ; 90.024-7.662= 82.362 , che fornisce 980°.5 , perché

$$\frac{30.24}{82.362}=\frac{360°}{980°.5}$$

Simbolismo cosmico

Per poter interpretare un eventuale significato delle misure coinvolte nella costruzione del tempio, secondo De Vaux, non si può prescindere dal dato storico come è compreso nella concezione d'Israele.   -
Bisogna quindi guardare soprattutto all'edificio in sé ed alle costruzioni simili. Nemmeno si può tralasciare il fatto che era necessaria una misurazione delle date, specialmente in rapporto alle feste che dovevano essere celebrate. Poichè ciò richiede una misurazione di angoli,non è possibile sostenere in modo definitivo che gli ebrei non abbiano lasciato una documentazione per l'epoca che dall'ottavo secolo va fino ad Alessandro: in effetti parte della cultura può essere scoperta nei rapporti metrici dell'area preparata da Davide.Si può fare ,ad esempio,riferimento esplicito ad un passo dei Midrashim(23): "L'ekal è al centro del santuario e l'arca è al centro dell'ekal; la pietra della fondazione si trova dinanzi all'ekal,e si chiama così perché da essa fu fondato il mondo". In un primo tempo si parla di ekal nel senso classico, come la parte che si - trova prima del Debir, (il cui centro in fig.12 è V se la linea WN è la mediana del tempio di Salomone pos
23- R.Pacifici - Midrashim - Ed.Marietti - Brescia 1986, p.159 .   -
-

to tratteggiato in PQRS). Tuttavia riporta che l'arca è centro dell'ekal(p.97),mentre è noto che l'arca con Sa lomone è nel Debir(=santo dei santi ad ovest).   -
Allora,la seconda volta, < al centro dell'Ekal (=palaz - zo)>(p.127) indica solo la mediana del tempio di Salo mone[l'arca rimane nel Debir]. Inoltre il testo (dei mi drashim)rimanda ad una particolarità metrica o ad un contesto naturale [p.58; p.128] quando dice che"da - essa fu fondato il mondo"

Tempio e Chiesa.

Nell' ambito dell'economia salvifica, dal tempio spiri tualizzato nella visione profetica si profila il culto in spirito che doveva manifestarsi nella nuova alleanza del Cristo che predica il regno. In tale prospettiva si - trova una sintesi sul sacerdozio come vocazione san ta e sul santuario,nella lettera agli ebrei e nella Geru salemme del cielo. Gesù è il vero agnello. Non ha biso gno dei capri per ottenere una propiziazione ed entra re come mediatore alla presenza del Padre.E allora in virtù della fede si ha accesso con Gesù nel regno pro messo.E' Lui il sommo sacerdote che guida la nazione eletta per costruire un edificio spirituale con le pietre vive dei credenti. A quelli che erano i pani dell'offerta dell'Antico Testamento viene sostituito il vero pane che è disceso dal cielo. L'attesa si proietta verso il fu

turo per descrivere la vittoria definitiva del Cristo su
morte e tenebre del male che non consentono di ve
dere con chiarezza. Nell'Apocalisse ritornano i motivi
profetici e si trovano le figure ed i segni che formano
i fili conduttori della rivelazione.   -
La convocazione degli eletti avviene nella Gerusalem
me celeste in cui l'agnello irradia una luce divina. Dio
stesso diventa il tempio di una città dove tutte le tri
bolazioni terrene sono scomparse. Tra i motivi esca -
tologici viene esaltato il trionfo totale del bene che
procede da Cristo, nel regno consegnato definitiva -
mente al Padre. Qui la sacra presenza si esplicita nel
motivo della luce che è simbolo della santità e della
potenza. E' la gloria del Signore che ora abita e perva
de il tutto comunicando alla città stessa lo splendore
santo.L'antico patto stabilito al tempo di Noè si trova
nel segno di un'alleanza nuova che è la città stessa. -
Col sigillo (che è lo Spirito) impresso nell'anima si ha
conformazione ontologica degli eletti alla immagine
vera voluta da Dio, e si attua la sovranità totale del -
Cristo. L'elezione è qui vista come un nome sulla fron
te dei singoli e la grazia salvifica è illuminazione dell'a
gnello. Cristo (risorto) come propiziazione ha sostitui
to il rito del Debir.Nel prologo del quarto vangelo l'in
carnazione traduce la dimora di Dio tra gli uomini.   -
Con la rivelazione apocalittica,la speranza nella signo

ria raggiunge il compimento lì dove parla del giudizi
o che ci sarà alla seconda venuta di Cristo (24). L'atte
sa per ciò che ancora non si vede ricorre di frequente
negli scritti neotestamentari. Questa speranza che ali
menta la storia dei popoli può essere illustrata sullo -
sfondo di quella umana.La sovranità di Dio alla sua pa
rusia segna lo sviluppo coerente di quella speranza -
che ha plasmato lo spirito e il cuore d'Israele. Accan
to a speranze così diversificate si trova arricchimento
delle promesse: ad Abramo viene prospettato un luo
go ove si troverà abbondanza,al Sinai si manifesta il -
dono del sacerdozio,attraverso la fase davidica si pre
cisa il campo della regalità. Isaia annuncerà infine il -
messaggio circa l'Emmanuele. Le traversie sono bilan
ciate da una grande fede nella fedeltà del Dio unico
che rivela la sua benevolenza eterna.   -

   La comunione cui l'uomo è chiamato a partecipare
in Cristo e che si attua nel segno sacramentale, nell'a
pocalisse diventa"zikkaron" che è partecipazione tras
figurante indefettibile alla gloria divina.   -

Osservazioni

Nel parlare dei vari aspetti dell'alleanza che è invito al
la santità ,non vengono trascurati gli elementi rituali -
che hanno formato il substrato delle omelie nei primi
24-F.G.Nocke-Escatologia-p.126ss .   -

secoli della vita della Chiesa. La rivelazione si conside
ra sempre nel suo aspetto storico salvifico e sistema
ticamente vengono menzionati gli errori, ad esempio
quelli delle teorie apocalittiche.   -

Per comprendere maggiormente l'importanza del
culto, è stato notevolmente ampliato il discorso sulle
gerarchie celesti facendo sempre riferimento ai cheru
bini: essi presentano numerosi tratti che riguardano il
retto comportamento e la multiforme sapienza del Si
gnore. Accuratamente è trattato il simbolismo cosmi
co. Le idee più convincenti sulla materia,per un fonda
mento reale(=oggettivo)possono essere ancorate alle
parole di un brano dei midrashim (p.97). Parlando del
la teologia del santuario era necessario introdurre i -
concetti di alleanza e di elezione, e ciò tenendo conto
dei vari contesti culturali. La finitudine dell'uomo, co
me aspetto esistenziale richiede un'adeguata antro
pologia perché il ragionamento non cada in una filo
sofia di stampo materialista. Mentre non si propongo
no tesi per la costruzione di un umanesimo,gli aspet
ti escatologici sono strumenti idonei a guidare le as-
pettative umane,in un'operosità richiesta ai credenti
nella città terrena ove già è in fieri la salvezza.   -

Conclusione

Si è voluto indagare ampiamente sul fenomeno del culto israelitico. Lo schema del tempio di Ezechiele ha un legame definito con quello di Salomone ed es sendo uno sviluppo strutturale è possibile oggi so - vrapporlo su un fotogramma della NASA (ente spazia le americano) in modo da osservare importanti con nessioni interstellari (p. 115) (25). L'analisi diventa - più estesa quando si includono le dimensioni del mo dello dell'Esodo: [110x33 ≡rettangolo(p.56)].Alleanza è un motivo guida per gli israeliti. In una teologia del l'alleanza deve essere sempre tenuta presente la ve - nuta del regno preannunziato. E' in quest'idea il rife rimento alle origini, e se ne ha eco negli inni cristolo gici. Come sinonimo del messaggio programmatico - del regno (26), i termini giustificazione e grazia corris- pondono a quelli di elezione e di immagine mariano sponsale del popolo di Dio.   -

  Tutto è reso possibile dalla sovranità del Signore che opera nella storia e che per sua virtù può suscitare una nuova creazione. Tra le promesse relative ai pat ti con Davide e con Mosè non si può trovare discor - danza; né si deve paragonare la terminologia del Deu 25-SPAZIO-Settimanale-Hobby & Work Publishing -Mi lano n.23(2013),p.272;p.273 .   -
26-P.Grech-Ermeneutica-p.429 .

teronomio,in particolare quella del decalogo,con qu -
ella di un trattato ittita oppure assiro (27).   -

Se Davide deve confidare nel Signore per ottenere
nome grande , stirpe e procurare prosperità per la na
zione,non è obbligato come un vassallo(28).Nel con -
testo dell'oriente antico(29)in cui operarono gli israe
liti si rileva l'idea di una pace (età dell'oro primitiva)-
da ritrovare. In quest'ambito di considerazioni si deve
ricercare la motivazione di un patto di alleanza che è
un decreto misterioso di Dio.   -
Secondo Mowinckel dai salmi si inferisce (30) che du
rante la festa (autunnale) delle capanne c'era una me
moria del patto.In altre parole la sovranità di Dio veni
va testimoniata in una forma cultuale.La pace è un do
no della liberalità di Jahvé e non ha niente a che fare
con un trattato.Delle esortazioni,che sono le condizio
ni dell'alleanza,il contenuto è il seguente:evitare il ma
le e fare il bene(31).La predicazione di un profeta co −
me Geremia mostra le radici del culto spirituale di
Jahvé. Dopo il tracollo subito con l'esilio,gli israeliti de
vono riporre la loro speranza solo nel Signore,capace-
27-Mc Carthy et al.Teologia Del Patto,p.9.   -
28-Mc.Carthy,p.10.   -
29-Grech,p.422.   -
30-Mc.Carthy,p.28.   -
31-Grech.p423 .

di trasformare i cuori. Prende corpo esplicitamente -
un'escatologia spirituale ancora assente nel libro di
Giobbe. Quel Dio che ha creato i cieli,secondo espres
sione deuteronomistica, non respingerà i suoi eletti.Si
tramanda così un modello ideale: quello della creatu
ra nuova. Dare importanza al simbolismo cosmico del
tempio significa sottolineare un aspetto dell'agire di
Dio (che è oggetto della rivelazione) avente valenza -
redentiva. Fissare un orizzonte escatologico individua
le,collettivo e cosmico sin dalle origini del mondo, -
comporta un ordinamento dei valori che, rispettoso
del trascendente, esclude nello stesso tempo ogni sis
tema gnostico o docetista(32).Vengono altresì supera
ti i miti,alcune note eresie e si evita la possibilità si a
vere interpretazioni come quella di Barth o quella di
Bultmann: cristologia, pneumatologia ,eschata forma
no le note di un unico messaggio divino irrevocabile
che parla della vocazione integrale dell'uomo(33).   -
Anche s.Agostino parlerà di quella casa di Dio che è
nei cieli e della tenda,la Chiesa,in cui si ha una dimora visibile e "sacramentale" (34). La pace allora è pre
sente e già opera nel mondo,nel millennio simbolico
32-G.Colzani- Se Tu Conoscessi il Dono Di Dio; in G.Ra
vasi et al.-Fede E cultura-p.87 .   -
33-G.Ravasi et al.-Fede E Cultura,p.98 .   -
34-I.Sanna-L'uomo,p.307 .   -

in cui la Chiesa regna con Cristo. Si ritrovano i germi -
degli enunciati di s.Giovanni della tensione tra il già e
non ancora che sintetizza il ministero di Cristo (35).   -
..........Col Nuovo Testamento,adottando una termino
logia ormai comune, il cristianesimo permette di rica
vare una sana dottrina antropologica,abbozzata in dis
corsi sulla giustificazione e sulla grazia che godono -
dell'introduzione del discorso della montagna.   -
Questo è in sintesi il parallelo che c'è tra santuario is
raelitico e il Cristo glorificato: Gesù ,dopo il dialogo -
con Nicodemo, può essere considerato nuova scala di
Giacobbe,capace di unire cielo e terra. E' nella prima
creazione e nella nuova che si può allontanare ogni -
pessimismo o presunta separazione spazio-temporale
tra città di Dio e città terrestre,per trovare la gioia di
procedere sicuri nella costruzione di un mondo che, -
lungi dall'essere in contrasto con Dio ,è stato donato
agli uomini fino alla parusia.   -

35-G.Ravasi-Principi Di Esegesi:Introduzione Al Vange
lo Di S. Giovanni; in G.Ravasi et al. - Fede E Cultura ,
p.29.   -
-

Appendice
Fase della luna.
I gradi descritti sulle rispettive orbite dalla Terra e dal la luna in un giorno sono:
(360°/365.2422 giorni)=0°.985647332= b,
(360°/27,3216 giorni)=13°.1764= a $\Rightarrow (a - b) =$ 12°. 19075267
Periodicamente si ritrova questa differenza dopo 360°/12°.190...=**29.53058025** giorni,essendo 12°.19.. la cifra di un giorno.[Risulta12(29.53...)=354.366963].
PRATICA:Al 10 dicembre 1996 ed al **17 gennaio** 1999 c'è **luna nuova***.I giorni compresi tra essi sono:
21 giorni del dicembre 1996
2(365.2422)giorni del 1997 e 1998
17 giorni del gennaio 1999.
In totale **769.4844**
Passiamo come segue alla data del 6 gennaio 2000:
17 giorni a gennaio+354=371 giorni;ma 371-365=6 gennaio 2000.La FASE(=la posizione) riguarda i gradi;
769.4844+354.366963=1123.851363 giorni
Fase=1123.85...)(12°.19...)=13699°.74369$\cong$360°(38)+ +19°.74 = α
Si scartano 360°(38) che sono giri e rimangono 19°.7
Disegnato un cerchio con raggio 85mm,si traccia una
*Salvo De Meis Jean Meeus-Almanacco Astronomico 1996-Hoepli Ed.-Milano .

semiretta dal suo centro inclinata di 19°.5 sul l'asse orizzontale. Essa incide la circonferenza nel punto P di coordinate cartesiane (79.6mm,29.8).

$$\text{Fase} = \frac{79.6}{\sqrt{79.6^2+29.8^2}} \cong \frac{79.6}{84.995} \cong 0.936[\text{H.Weyl}];$$

$\frac{79.6}{85}=0.93647\cong0.94$.   [cos19°.74=0.941] .

Esercizio:Trovare la fase del 23 settembre 2010.
Risoluzione: 2009-1996=13 .Al 10 dicembre 1996 c'è luna nuova(p.106)⇒ per cui consideriamo
 21 giorni per la fine di dicembre 1996
13(365.2422)giorni per avere la fine di dicembre del 2009.Dal 1° gennaio 2010 al 23 settembre ci sono 266 giorni.Inoltre ,2000-2004-2008 sono bisestili (=di 366 giorni) e danno complessivamente 3 giorni da aggiungere ai precedenti.
266+21+3=290; 13(365.2422)=4748.1486,
290+4748.1486= **5038.1486**giorni che danno i seguenti gradi:5038.1486 - **769.4844**=4268.6642
4268.6642(12°.19075267)=52038.22949 =φ
[φ=360°(144)+198°.2,cosφ=-0.9498]**luna piena**
Con semiretta ,emergente dal centro di un cerchio di raggio 85mm,a 18°.2 su asse x,si ha P(80.5;26.8) ;

$$\frac{80.5}{\sqrt{80.5^2+26.8^2}}= \cong \frac{80.5}{84.8439} \cong 0.9488;[\cos18°.2=0.94997] .$$

 *Observer's Handbook 1995 - Editor Roy L. Bishop – The Royal Astronomical Society of Canada-136 Dupont Street-Toronto-Ontario M5R1V2 .

Calendario di Dionigi il Piccolo.
(dissipa i dubbi circa il 25 dicembre)

Calcolo della pasqua del 2011.
Dionigi fissa la data* del 25 dicembre dell'anno zero
(nascita di Gesù Cristo)con l'unico numero 753 (36).
Al fine di calcolare la pasqua con questo dato iniziale
occorre individuare il 21 marzo.   -
Da 21 marzo al 25 dicembre intercorrono 279 giorni. -
Quindi 753-279=**474** coincide col 21 marzo;il 21 mar_
zo   dell'anno successivo viene dopo **365.2422** giorni.-
Ci interessa calcolare innanzitutto la pasqua(che è −
nota)del 2010 con la quale individuiamo la domenica.
PRATICA: -
    1)2009 anni=2009(365.2422)giorni=733771.5798
    2)il 2000 è bisestile(=con 366 giorni)
    3)$\frac{2009}{4}$ =502.25=anni bisestili in 2009 anni
    4)   [**474**+365.2422)]=21marzo dell'anno 1]+
     +33771.5798+ 502=735112.8220=21 marzo 2010
    5)⇒**pasqua nota** del 2010 =735112.8220+14
domenica =735126.8220
    6)   21 marzo 2011=735112.8220+365.2422=
     =735478.0642   [(=**a**)]
    *M.Clevenot -Gli Uomini Della Fraternità - 4° Vol. -
I Cristiani Al Tempo Di Maometto-Ed.Borla-Roma   -
1984,p.9 .   -

7)**Definizione**: Pasqua *sarà<la prima domenica dopo la luna nuova   dopo il quattordicesimo giorno dopo il 21 marzo 2011>

8)A partire da **769.4844**(luna nuova p.106) con -
n(29.53058025) con n numero intero,occorre   -
superare di poco [(a)]+14=735492.0642
769.4844+n(29.53058025)=735479.3112
di poco superiore ad **[(a)](p.108)** .

9)aggiungendo 29.53058025 che dà un'altra luna nuova ,si trova 735508.84160025=[(b)]   -
10)Le domeniche dopo la pasqua 2010 sono date da -
[(b)] - 735126.8220≅382.019=7(54.5)
55(7)=385;   385+735126.822=735511.822   -
 11) Questa pasqua dista dal 21 marzo 2011 di
735511.822 - 735478.064=33.75 giorni ≅34giorni

……………………………………………………………………………………………

Altro procedimento

L'intervallo tra 23 settembre 2010 (p.107)e marzo dello stesso anno è di 286 giorni
5038.1486 - 286=4752.1486= 21marzo 2010=[(p)]
pasqua nota del 2010=**[(p)]+14**=4766.1486
21 marzo 2011=
=21 marzo 2010+365.2422 =**5117.3908**;
*Peter Duffet Smith- Practical Astronomy With Your -
Calculator-Second Edition-Cambridge University   -
Press –New York 1982,p.4 .

luna nuova=

769.4844+n(29.53058025)=5140.01026700

2000 2004 2008 sono bisestili con 366 giorni,danno aumento di 3 giorni

5143.0102 - 4766.1486=376.8616$\cong$7(53.8)$\approx$7(54)

Secondo la definizione di p.109,una settimana dopo

55 settimane=385 giorni

4766.1486+385=5151.1486=domenica

5151.1486-**5117.3908**=33.75 $\cong$ 34

Pasqua è il 24 aprile 2011

Esercizio:Trovare il giorno di pasqua 2012

Soluzione:

21 marzo 2010=4752.1486=[(f)];nota **pasqua 2010**=

4752.1486+14=**4766.1482**=domenica

21 marzo 2012=[(f)]+365.2422=5482.633

2012 anno bisestile $\downarrow$ (con 366 giorni)

$\quad$ 5482.633+14 +(1)=5497.633

Luna nuova=769.4844+n(29.53058025)=

5502.2960795=[(q)]

[(q)] - 4766,1482=736.1488795$\cong$7(105)=735

4766.1482+735=5501.1482=domenica

5501.1482 - 5483.633=17.5152$\cong$ 18 giorni dopo

il 21 marzo 2012.

CONTROLLO dei calcoli (dal calendario ecclesiastico - del Butcher). Un lettore che volesse trovare altre pasque col metodo già descritto,può confrontare non meno di due risultati con la procedura che segue[37] - (per ottenere la pasqua basta sapere la cifra dell'a<u>n</u> - no che interessa).Esempio :   pasqua del 2011 .

$$\frac{2011}{19} = 105.8421053$$

	parte intera	resto
	105	a=19(0.8421053)=16

$$\frac{2011}{100} = 20.11 \qquad b=20 \qquad c=100(0.11)=11$$

$$\frac{b}{4}=5.000 \qquad d= 5 \qquad e=4(0.000)=0$$

$$\frac{b+2}{25} =1.12 \qquad f= 1$$

$$\frac{b-f+1}{3} = \frac{20}{3} =6.6.. \quad g= 6$$

$$\frac{19a+b-d-g+15}{30}=10.93333333 \quad h=30(0.3333333)=28$$

$$\frac{c}{4}=2.75 \qquad i=2 \qquad k=4(0.75)=3$$

$$\frac{32+2e+2i-h-k}{7}=0.714285714 \quad L=7(0.714...)=5$$

$$\frac{a+11h+22L}{451}=0.96... \quad m=0$$

$$\frac{h+L-7m+114}{31}=4.741935484 \qquad p=31(0.741935484)=23$$

La parte intera 4 indica aprile;p+1=23+1=24=pasqua.
Quando invece di quattro si trova 3 ,il mese è marzo.

37-P.Duffet Smith-Practical Astronomy With Your Ca<u>l</u> culator-Cambridge University Press- N.Y. 1982,p.5 .

Esercizio-Pasqua al 2018(1° aprile).
Nota:Ricordare* che il ciclo di Metone(5° secolo a.C)
(29,53giorni)(235) =6939.55;   **365.24(19)**=6939.56
 mostra che data la fase 29.53 si ritorna alla stessa
fase anche dopo **19** anni alla stessa data dell'anno :
[29.53058025(235)+4=7(**991.9551941**)].

Per approfondire lo studio dei calendari è utile sape
re che nel tempo si susseguono** 14 tipi di calendari
gregoriani contrassegnati dai numeri da uno a 14. Al
primo calendario gennaio ha inizio con la domenica,
al secondo calendario gennaio comincia col lunedì;
così continuando soltanto con l'ottavo calendario si
ritrova la domenica al primo gennaio.Inoltre i primi 7
hanno tutti un febbraio di 28 giorni;nei rimanenti feb
braio è di 29 giorni.
   Elenchiamo alcuni risultati dei prossimi anni :
2018   2;   2019   3;   2020 11;   2021   6
2022   7;   2023   1;   2024   9 ;   2025   4
2026   5;   2027   6;   2028 14
*G.Romano,p.230;Islamic Astronomy-Scientific Ameri
can April 1986.p.70 .
**The World Almanac And Book Of Facts- 1997-# 1-
New York Times-Bestseller-One International Boule -
vard-Suite 630 - Mahawah - New Jersey 07495-0017,
p.476

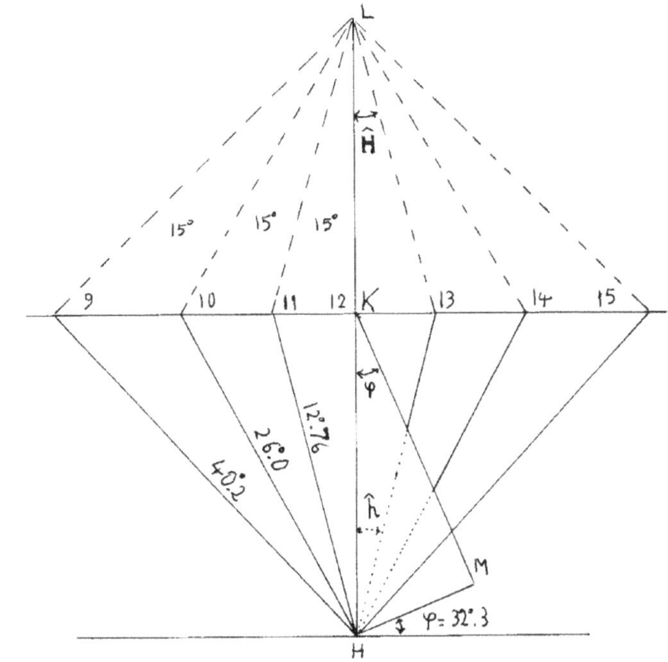

Fig.13 –Meridiana* verticale a Gabaon.

LK=MK; $\tan\hat{h}=\cos\varphi\tan\hat{H}$.

φ=32°.3

*G.Romano-Introduzione All'Astronomia.

$\hat{h}$=angolo letto sulla meridiana .

Meridiana verticale a Gabaon

$$\cos\varphi=\cos 32°,3=0.845261833;$$

ORE		$\widehat{H}$	$\tan \widehat{h}$	$\widehat{h}$= su meridiana
Ore 11 e ore	13	15°	0.226487225	12°.76
10 e	14	30°	0.4880112146	26°.01
9 e	15	45°	0.8454297	40°.206
8 e	16	60°	1.46403644	55°.665
7 e	17	75°	3.1551866	72°.41
6 e	18	90°		90°

In modo simile al caso precedente,per una meridiana orizzontale si trova $\tan\widehat{h'}=\sin\varphi\tan\widehat{H}$; $\sin 32°.3=0.534352349$:

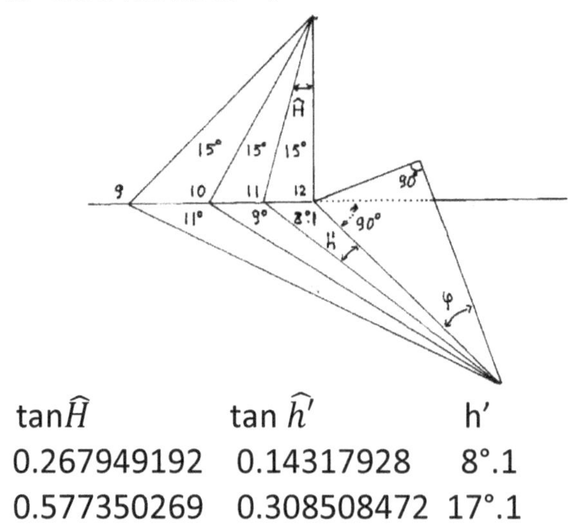

$\widehat{H}$	$\tan\widehat{H}$	$\tan \widehat{h'}$	h'
15°	0.267949192	0.14317928	8°.1
30°	0.577350269	0.308508472	17°.1
45°	1	0.534352349	28°.

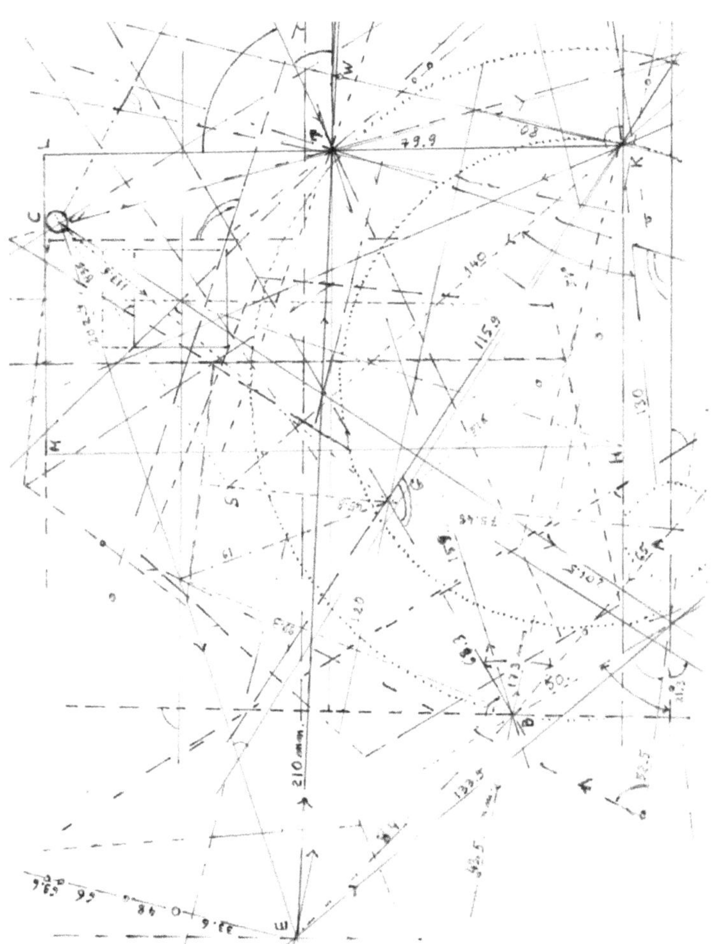

Fig.15-HKLM=Tempio.[Da <SPAZIO>-Milano-Hobby & Work n.23(2013)p.272-273)]. Galactic Centers-Scienti fic American(=S.A.) Nov. 1990; Globular Clusters- S.A. June 1985]; Foster e al.- General Relativity - Springer Verlag-NewYork1995.Distanza=mm $99.6459e^{\pm k0.0368}$

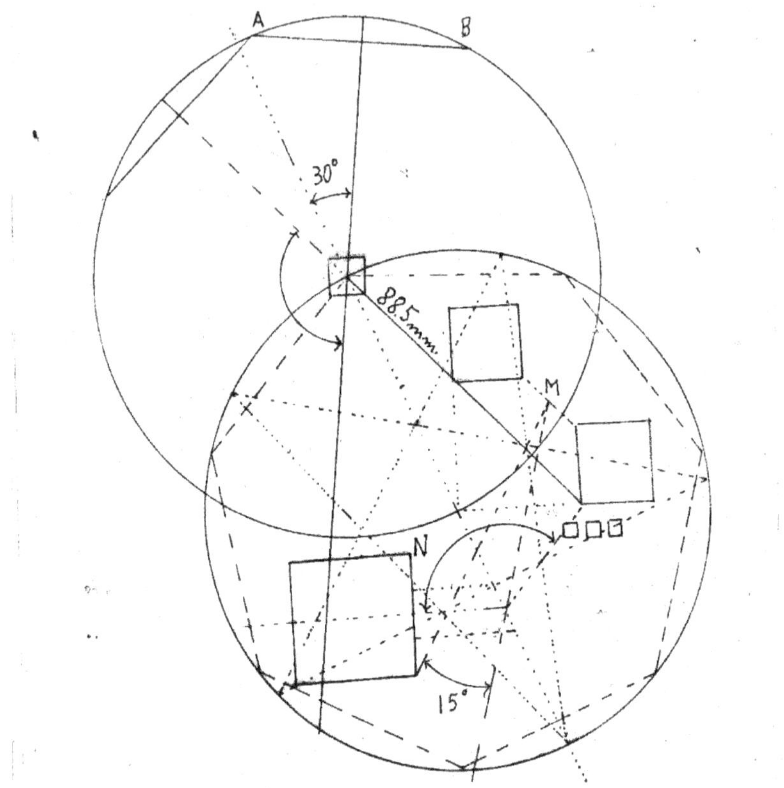

Fig.16a-Le piramidi egiziane viste dall'alto. Sir Hoyle, - nel libro "Stonhenge"rivela che gli antichi usavano un cerchio con 56 fori alla periferia per ricavare eclissi - di sole e di luna [il cui semplice grafico (a causa della periodi cità) si ha in G.Romano – Introduzione All'Astronomia -Franco Muzzio Editore Padova 1985].

MN=56mm., AB = 60mm.= lato di eptagono in cerchio di raggio70mm.,29.5 giorni=$\dfrac{88.5}{3}$.

15°misurano un'ora alla posizione della **Sfinge**.

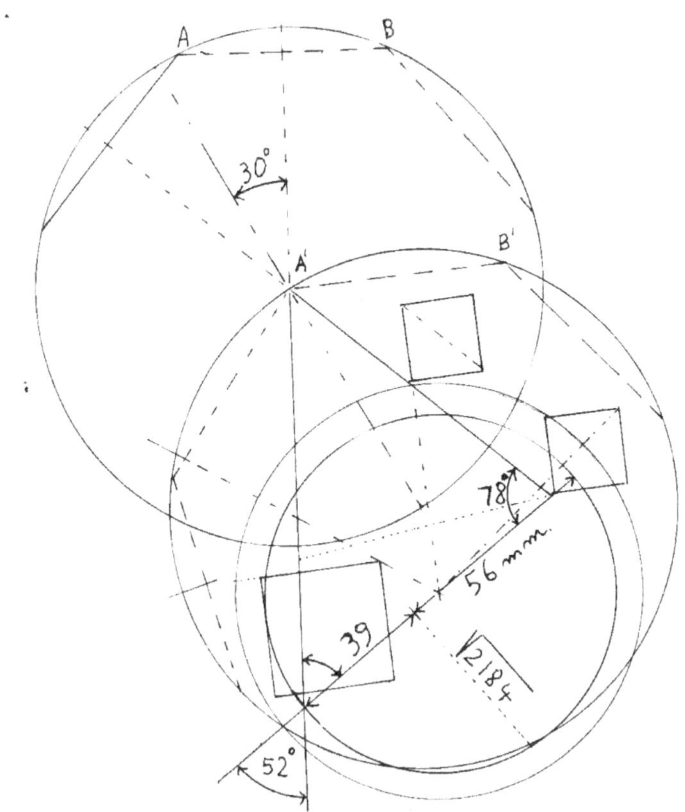

Fig.16b-Alcuni dettagli.
2184=**39**(**56**)=8(**273**)=6(**364**)=6[7(52)] giorni.

[Per descrivere l'intera sua traiettoria,la luna impiega
27.3216 giorni (G.Romano,p.83) .]
Per la procedura del cerchio con 56 fori,consultare
H.Robert Mills - Practical Astronomy - Albion Publi_-
shing-Chichester 1994,p.110 .

Fig.17-Particolare di una città egiziana (Dal Museo di Brooklyn-New York).

Tabella egiziana[38]

J.Gillings si domanda se gli egiziani imparavano combi
nazioni di numeri con la tabella che qui schematizzia-
mo:

2911 2810   **246   235**
3912 3811   347
4913 4812 4711 4610
5914 5813 5712 5611
6915 6814 6713
7916 7815
8916

Risoluzione:sulla prima colonna 6(1001)=6(11)(91) da

cui 6(91) = 546 = $\dfrac{2184}{4}$ = $\dfrac{6(364)}{4}$; su due righe orizzontali

troviamo quattro cifre$\Rightarrow 4(91) = 364$, essendoci poi
la cifra 11, si costruisce la tabella di pagina seguente,
da cui estraendo **894** passiamo alle figure 18 e 21 che
si riferiscono a Gerusalemme (p.121;p.127).

    Alla Mecca,la Kaabah ha un'altezza* di 13.10m.;
13.10+14(5.46)=89.54   [21.84/4=5.46=3.5(1.56)] .

38-J.Gillings- Mathematics In The Time Of Pharahos
New York-Dover Publications Inc.
*C. A.Salomon-Islam e Musulmani?-Cerebro Editore
2015,p.38 .

Tabella :   234+n11(n=intero)

234 311 388 465 542 619 696 773 850

245 322 399 476 **553** 630 707 784 861

256 333 **410** 487 564 641 718 795 872

267 344 421 498 575 652 729 806 883

278 355 **432** 509 586 663 740 817 **894**

289 366 443 520 597 674 751 828

300 377 454 531 608 685 762 839

$$\frac{30.24}{432-75.588}=\frac{360°}{4243°} \; ; \quad 4243°=11(360°)+283°$$

235.52+10.92=**246**.44 (p.119)

432+4(30.24)=**552.96** (p.39);

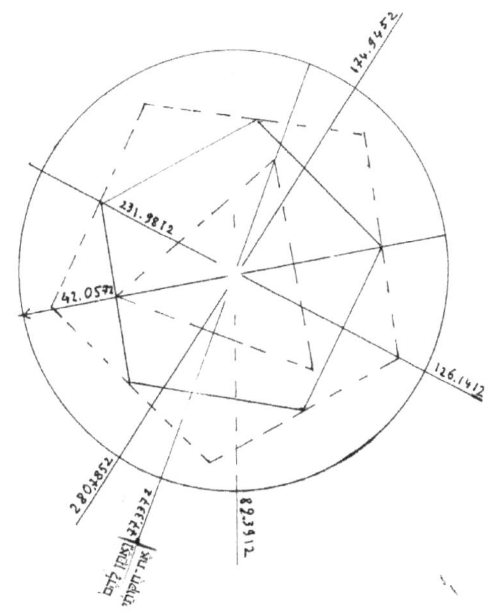

Scala   360°≡**211.68**

Fig.18-Elementi strutturanti di Ez.20:
Ez.(20.6);Ez.(20.11); Ez.(20.18);
Ez.(20.25);Ez.(20.33);Ez.(20.4)-
Notare: 6x7=42;11x7=77;18x7=126;25x7= 175;
33x7=231;**40x7=280** -
Ez.20.11 : <E diedi loro i miei statuti>. Questa frase in
ebraico è stata posta qui a 11x7 .

$$126.1412+\frac{211.68}{2}=231.9812 \quad .$$

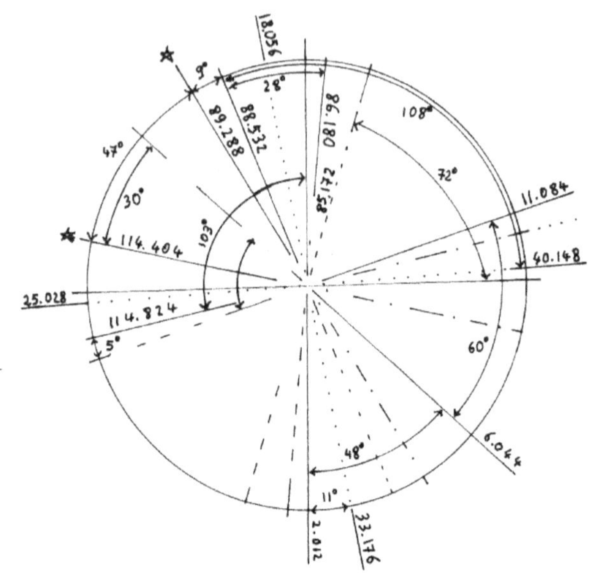

Scala   360°≡ 30.24

Fig.19-Lungo la circonferenza le cifre appartengono al
la struttura del capitolo 20 del profeta Ezechiele. E' -
un messaggio cifrato che mediante l'angolo di 108°a -
partire da 40.148 indica connessione fondamentale -
col calendario(=88.53);28°=14(0.168)=14(7x24)/1000,
ma l'intero 30.24 = 7(4.32)⇒ si usa 211.68(mancando
un fattore 7). $\sqrt{110^2 + 33^2}$ =**114.8433716=d**
(diagonale della tenda di Mosé) .   -
4201.614 - d=91(45)**0.997990385**) (p.58);   -

$$d-7.662=107.1813716 \; , \frac{30.24}{107.1813716}=\frac{360°}{1275°.96871}$$

122

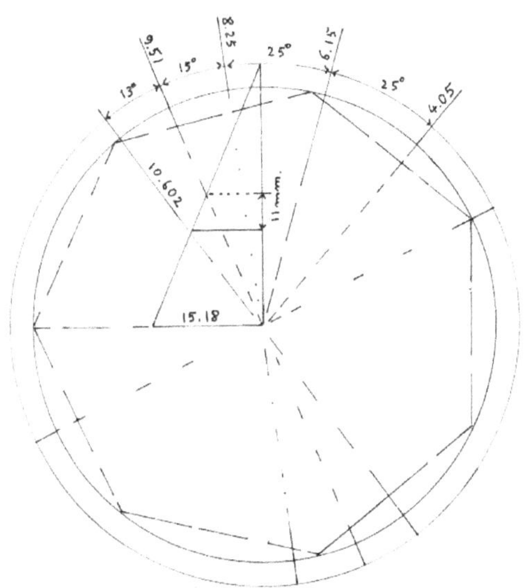

Fig.20- Sollevandosi di 11mm al di sopra della ziggu -
rat* di Uruk (del 4000 a.C.), data da un tronco di pira
mide(qui se ne mostra la metà), si rilevano 13° essen
doci la variazione

$$(10.602- 9.51)=\mathbf{1.092} \; ; \quad \frac{30.24}{1.092}=\frac{360°}{13°} \quad .$$

$$30.24\,|\,360°$$
$$2.73\;|\,32°.5$$
$$2.52\;|\,30°$$
$$24(\mathbf{365.2422})\text{-}\mathbf{34.02}\,|\cong 360°(288.75)(\mathbf{p.40})$$

$$\frac{30.24}{24(365.2422)-34.02}=\frac{30.24}{8731.7928}\,;\,30.24(288.75)=8731.8$$

$$\frac{30.24}{8731.8}=\frac{360°}{\alpha}\Rightarrow\alpha=360°(288.75)$$

*A.Parrot-Archeogia Della Bibbia-Newton Compton-
Roma 1978.

123

Risoluzione* per le connessioni di p.115.

Calcoliamo i valori di λ con l'equazione :

$$\begin{vmatrix} -\lambda & 0 & -1 & -1 \\ 2z & -\lambda & -1 & 1 \\ 1 & 1 & -\lambda & 0 \\ 1 & -1 & 2z & -\lambda \end{vmatrix} = 0 \qquad \text{.Ciò vuol dire}$$

$$-\lambda \begin{bmatrix} -\lambda & -1 & 1 \\ 1 & -\lambda & 0 \\ -1 & 2z & -\lambda \end{bmatrix} - 0 \begin{bmatrix} 2z & -1 & 1 \\ 1 & -\lambda & 0 \\ 1 & 2z & -\lambda \end{bmatrix} +$$

$$(-1) \begin{bmatrix} 2z & -\lambda & 1 \\ 1 & 1 & 0 \\ 1 & -1 & -\lambda \end{bmatrix} - (-1) \begin{bmatrix} 2z & -\lambda & -1 \\ 1 & 1 & -\lambda \\ 1 & -1 & 2z \end{bmatrix} =$$

-λ[-λ(λ²)+(-λ)+(2z-λ)] -[2z(-λ)+λ(-λ)-2]+

+[2z(2z-λ)+λ(2z+λ)-(-2)]=

$$\lambda^4 + 4\lambda^2 + 4(1 + z^2) = 0 .\text{In definitiva}$$

$$\lambda^2 = -2 \pm \sqrt{4 - 4(1 + z^2)} = -2 \pm 2iz$$
$$= 2(-1 \pm iz)$$

Cambiando qui scala e ponendo anche z=1

consideriamo $(-1 \pm i) = (\lambda')^2 = \varrho e^{\pm i\varphi}$;in cui $\varrho = \sqrt{2}$ e

tanφ=-1 $\Rightarrow \left|\dfrac{\varphi}{2}\right| = 22°.5$.

 Sommando solo due valori di λ' si ha $\sqrt[4]{2}(2\cos 22°.5)=$

=2.197368227=Traccia su di un piano=T

Con multipli nT si hanno livelli significativi per la figu̲

ra di p.115riguardante uno spazio contenente vari -

Buchi Neri.

*V.I.Morrone - Matrici Per Buchi Neri-

https:/www.youcanprint.it

Livelli significativi in Fig.15(p.115) .
Distanze **da G**:

12.1T=26.5881(galassiaAndromeda-presente nella
rivista   SPAZIO e non riportata nella p.115);
20.85T=45.815(galassia S);
34.35T=75.479(galassia A);27.75T=60.97;
52.75T=115.911;   53.5T=117.55;
54.75T=120.30;   23.5T=51.63

Distanze **da B**:
22.75T=49.990;   72.5T=159.309;
78.75T=173.04

Distanze **da K**:
36.375=79.929 mm.;   36.5T=80.20;
59.25T=130.19;   63.75T=140.08

Correzione della verticale.

Per i calcoli della meridiana s'immagina che il sole si muova a velocità costante lungo l'equatore. Per rica vare il tempo vero V occorre una correzione E che va ria durante l'anno ed è data dall'equazione del tem - po.Inoltre si deve tener conto del meridiano del luo- go e non del meridiano del fuso.

Esempio:

1)La longitudine di Gabaon è 34°.6885; ma il meridi ano del fuso è a 37°.5 .

Ne segue (37°.5 - 34°.6885) = 2°.8115=M   .

2) L'equazione del tempo*,se la correzione si effettua il 23 dicembre,fornisce E= - 1.1 minuti= - 1.1/60= = - 0.°18   .

3)V=M-E=2°.815+0°.18=3°   .

4)$\Rightarrow$ La correzione da apportare è di 4 minuti** per ogni grado; quindi   4x3=12minuti .

5) $$\frac{15°}{60\,minuti}=\frac{3°}{12\,minuti} \Rightarrow$$

12 minuti danno 3°   cioè la tacca delle ore 12 non è sulla verticale ma spostata di 3°.

*G.Romano,p.61 .

**H.Robert Mills-Practical Astronomy-A User-friendly Handbook For Sky Watchers – Albion Publishing –Chi chester 1994,p.88 .

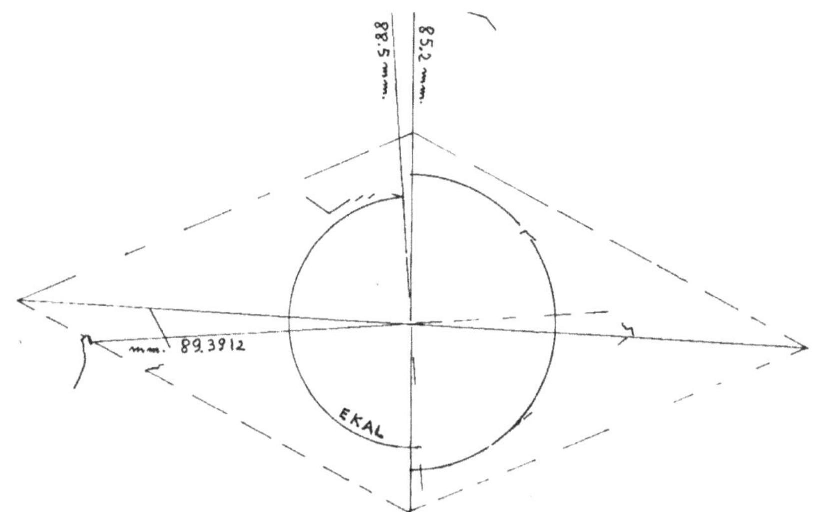

Fig.21-Congiuntura astronomica a Gerusalemme*.

$2184(31)=67704$,**16440**$+67704=84144, \dfrac{2184}{4}=$**546** ,

$84144+546(4)=85236$, $85236+546(6)=88512$

16440-9.264$=16430.736$ (p.24;56). $\dfrac{30.24}{16430.736}=\dfrac{360°}{195604°}$

Palazzo**o sua parte=**Ekal**(p.98).[40mm ; 35mm

sono misure per ekal tramandati].Vangelo di Marco:

(**1051.8** − **851.6**)$=91(2.2)=2($**100.1**$)$(p.19).

   *North-Geografia Biblica- In Grande Commentario
Biblico -Ed.Queriniana-Brescia 1974; A.Rolla-La Bibbia
Difronte Alle Ultime Scoperte-Ed.Paoline-Roma 1965.
**R.K,Harrison-Biblical Hebrew-NTC Publishing
Group-4255 West Touhy Avenue-Lincolnwood Cliffs
(Chicago)1993,p.150 .

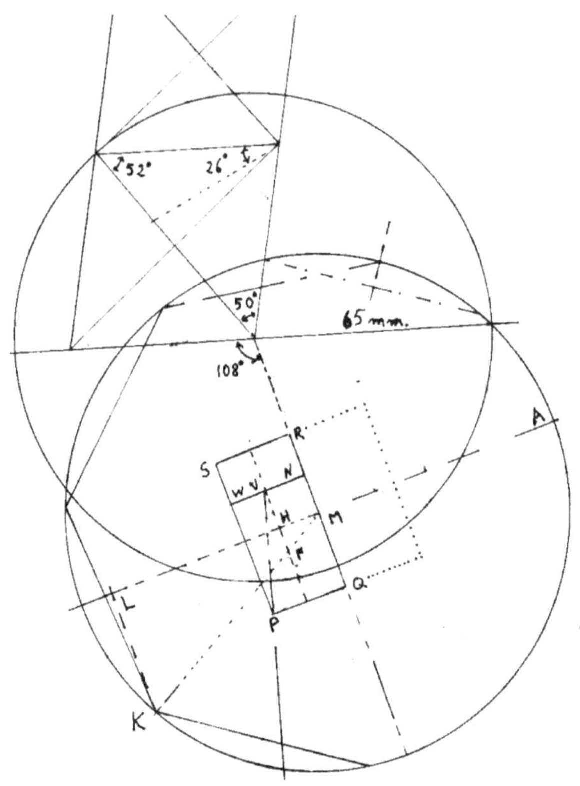

Fig.22- Luna al tempio . Una caratteristica di PQRS.

$\dfrac{2.73}{54.6}=\dfrac{32°.5}{650°}$, $\dfrac{21.84}{14}=$ **1.56** , VM=HM$\sqrt{2}$=11$\sqrt{2}$,

89.3912- VP=54.60614574$\cong$ **54.6** (p.120; p.127) ;

VP=$\sqrt{11^2 + 33^2}$=34.78505426

Dalla Kaabah(p.119),voliamo con la mente al punto V

di Fig.22:   13.10+14(**1.56**)=**34.94**$\cong$**34.78**

[HM=11 = FM cos29°.45; FM/VM=0.81203=k

$70e^{\lambda k}$ $\cong$65.06 $\Rightarrow$ λ= - 0.09126] .

Titolo | Primi santuari - Gerusalemme e Buchi neri
Autore | Vittorio Italo Morrone
ISBN | 9788827849750

Youcanprint
Via Marco Biagi 6 - 73100 Lecce
www.youcanprint.it
info@youcanprint.it

Youcanprint
Finito di stampare nel mese di aprile 2019